冬小麦农田温室气体排放和土壤微生物群落对灌溉模式的响应特征

梁悦萍 刘 坤 王广帅 刘战东 段爱旺 李亚威 著

中国农业科学技术出版社

图书在版编目（CIP）数据

冬小麦农田温室气体排放和土壤微生物群落对灌溉模式的响应特征 / 梁悦萍等著. -- 北京：中国农业科学技术出版社，2025. 7.-- ISBN 978-7-5116-7531-6

Ⅰ. S512.107.1

中国国家版本馆CIP数据核字第2025Z3N420号

责任编辑 李　华
责任校对 李向荣
责任印制 姜义伟　王思文

出 版 者 中国农业科学技术出版社
北京市中关村南大街 12 号　　邮编：100081
电　　话 （010）82109708（编辑室）（010）82106624（发行部）
（010）82109709（读者服务部）
网　　址 https://castp.caas.cn
经 销 者 各地新华书店
印 刷 者 北京建宏印刷有限公司
开　　本 170 mm×240 mm　1/16
印　　张 7.75
字　　数 135 千字
版　　次 2025 年 7 月第 1 版　2025 年 7 月第 1 次印刷
定　　价 65.00 元

前　言

区域水资源短缺是当前我国农业生产面临的突出问题之一。发展节水灌溉技术、科学利用劣质水源进行农业灌溉，是缓解区域农业用水紧张状况的有效途径。小麦作为我国主要口粮作物，其产量对于保障国家粮食安全至关重要。华北平原是我国小麦主产区，同时也是我国水资源短缺最为严重的区域之一。因此，发展节水灌溉技术和综合利用劣质水源进行农田灌溉，成为该区域农业生产必须面对并解决的重大课题。

目前，华北地区冬小麦生产仍主要采用地面灌溉，其灌溉水源多依赖地表引水和地下水。随着区域水资源供需矛盾的日益加剧，高效节水灌溉技术如喷灌、滴灌等正迅速推广，微咸水以及再生水的利用也得到越来越多的重视。温室气体排放增加引发的气候变暖，是当今人类面临的严峻挑战之一。土壤水分状况是温室气体排放的关键驱动因子之一，土壤水分状况和灌溉水质也是影响土壤微生物群落结构和胞外酶活性的主要因素。因此，灌溉方式的变革和劣质水源的利用势必会对冬小麦农田温室气体排放和土壤微生物群落产生重要影响。准确估算未来灌溉农田温室气体排放量的变化趋势，科学评估不同灌溉方式和灌溉水质条件下的土壤健康状况，以及通过适宜的灌溉管理措施在确保作物生产节水高产优质的条件下减少农田温室气体排放等已成为科研工作者广泛关注的热点，迫切需要开展系统研究。

本书通过研究灌溉方式、灌溉水质、灌溉供水水平及氮素水平对华北地区冬小麦农田温室气体排放和土壤微生物群落特征的影响，以揭示未来灌溉模式改变对气候变化及土壤健康状况的可能影响，为今后该区域制定科学合理的农田灌溉管理策略提供数据支持，为开发既能保障粮食产量又能减缓温室气体排放的灌溉技术提供理论依据。

本书由中国农业科学院农田灌溉研究所梁悦萍、王广帅、刘战东、段爱旺，上海海洋大学刘坤以及河海大学李亚威负责撰写和校稿工作。在课题研究及书稿撰写中，得到了高阳、司转运、李鹏慧、宁东峰、李格等老师及一些同行的大力支持，同时本书在撰写过程中参考和引用了大量国内外相关文献。在此，谨向为本书的完成提供支持的单位、研究人员和参考文献的作者表示敬意与感谢。

由于著者水平有限，时间仓促，对于书中存在的疏漏与不足之处，恳请读者批评指正。

著　者

2025年4月

目　录

1 绪论

1.1 研究背景与意义

由于温室气体排放增加而引起的气候变暖是当今人类面临的最为严峻的挑战之一（Steffen et al., 1998；IPCC, 2013）。二氧化碳（CO_2）、甲烷（CH_4）和氧化亚氮（N_2O）作为重要的温室气体，对温室效应的贡献近80%（张玉铭 等, 2011），并将会对全球气候变暖产生长期而深远的影响（Galloway et al., 2004; Liu and Greaver, 2009）。研究证实人类社会生产、生活是引起温室气体排放增加的主要原因（Vitousek et al., 1997）。农业种植作为人类主要的社会生产活动之一，其温室气体总排放达到5.1～6.1Pg CO_2–eq（二氧化碳当量），占全球人为排放总量的10%～12%，其中CH_4和N_2O更是分别达到两种温室气体全球人为排放量的52%和84%（Smith et al., 2008）。全球人口数量持续增加，粮食消费刚性需求不断增长，为了满足市场供给，强烈的人为农业活动导致农业温室气体排放日益增加，已成为我国乃至全球面临的主要环境问题之一。如何降低农田温室气体排放，已成为当前国内外研究人员关注的热点（Bruinsma, 2003; IPCC, 2013）。

我国作为农业大国，耕地面积约为135.16万km^2（中华人民共和国国家统计局, 2015）。在各种农田管理措施中，对于占我国总耕地面积一半以上的灌溉农田来说，灌溉是农作物获得稳产、高产的重要农田管理手段。我国70%的粮食来自灌溉农业，并且灌溉农业用水也占到国民经济用水总量的近70%（Du et al., 2015），可以说农业灌溉对于满足日益增长的人口口粮需求至关重要（Trost et al., 2013）。另外，我国也是一个水资源严重短缺的国家。随着社会经济的快速发展，水资源短缺的矛盾将更加突出。现在，水资源短缺已经成为许多地区农业发展的主要制约因素之一，发展高效节水灌溉技术（Li, 2006; Gao et al., 2014）和合理利用劣质水进行灌溉（Kang et al., 2010; Dorta–Santos et al., 2016）可以说是缓解水资源短缺状况较为经济和有效的手段。由于土壤水分状况是温室气体排放的关键驱动因子之一，在一定的土壤湿度范围内，土壤水分状况与温室气体排放存在显著的相关关系（Davidson et al., 1998; Wolf and Russow, 2000）。例如当土壤含水量高于田间持水量的70% 时，N_2O 排放会迅速提高（Ruser et al., 2006; Amha and Bohne, 2011），但当土壤水分达到饱和状况后，反硝化作用又会将 N_2O 还原生成 N_2，从而降低土壤 N_2O 排放（Huang et al., 2007）。因此，灌溉方式的变革和劣质水的利用势必会对农田温室气体排放产生重要影响。

土壤是生态系统中微生物多样性最为丰富的场所（贺纪正和张丽梅，2013）。微生物繁殖速度快，数量巨大，具有分解土壤有机质残体，转化无机质元素，为高等植物提供必要营养元素，保持土壤肥力等重要作用（Philippot et al., 2013）。维持土壤微生物群落结构多样性对于提高农田生产力，抑制土壤病虫害，增强土壤缓冲能力具有重要意义（李锐 等，2015）。土壤水分状况（Brockett et al., 2012; Maestre et al., 2015）和灌溉水质（Zhang et al., 2015）是影响土壤微生物群落结构和胞外酶活性的主要因素，因此研究灌溉方式改变和利用劣质水灌溉对土壤微生物环境的影响，将有助于今后准确评价灌溉农田的土壤健康状况。

小麦是我国第二大粮食作物和重要的口粮作物，保证其持续稳定生产是保障国家粮食安全，特别是口粮安全极为重要的组成部分。我国的小麦种植以冬小麦为主，华北平原是其最重要的产区。该区域降雨季节分布严重不均，冬小麦生长期占全年时长的 65% ～ 75%，但该时期降水量仅占全年总降水量的 20% 左右，因此灌溉是保障冬小麦高产、稳产的关键农田管理措施之一（Shi et al., 2013）。目前，地面灌溉仍是华北地区冬小麦生产最主要的灌溉方式，灌溉水源主要为地表引水和地下水。随着区域水资源供需矛盾的日益加剧，以喷灌、滴灌为代表的高效节水灌溉技术正在迅速推广（Gao et al., 2014）；地下咸水资源以及再生水源的利用也得到越来越多的重视（Wang et al., 2016）。灌溉方式改变以及劣质水利用会对冬小麦农田温室气体排放和土壤微生物群落产生怎样的影响？如何准确估算未来灌溉农田温室气体排放量的变化趋势？如何科学评估不同灌溉方式和灌溉水质条件下的土壤健康状况？以及如何通过适宜的灌溉管理措施在确保作物生产节水高产优质的条件下减少农田温室气体排放？这些问题已成为科研工作者广泛关注的热点，迫切需要开展系统研究。

针对上述情况，本研究聚焦于华北平原冬小麦农田，旨在探究灌溉方式发生变革和利用劣质水源条件下，温室气体排放的变化动态以及土壤胞外酶活性和微生物群落的变化特征，试图为节水高效低排的农田灌溉技术研究与开发，劣质水资源的科学利用提供理论依据，为制定适宜的灌溉农田温室气体减排对策提供基础数据支撑。

1.2 国内外研究进展

1.2.1 节水灌溉与劣质水灌溉研究现状

农业以土而立、以肥而兴、以水而旺。我国是一个水资源相对贫乏的国家，水资源总量仅占世界的6%，人均占有量不足世界平均水平的1/4。随着经济、社会的快速发展以及人口的不断增长，工农之间、城乡之间用水矛盾日益加剧，保障农业灌溉用水的难度不断增大。目前，全国农田灌溉面积达6 450万 hm^2，灌溉用水缺口高达300亿 m^3。另外，随着全球气候变暖的加剧，我国局部旱灾发生频率越来越高、范围越来越广、程度越来越重，干旱缺水对农业生产的威胁越来越大。近10年来，全国平均每年旱灾发生面积2 670万 hm^2 左右，是20世纪50年代的两倍以上，平均每年成灾面积1 330万 hm^2，因干旱造成的粮食损失超过300亿kg。因此，必须把发展节水农业作为一项革命性措施，探索一条合理用水、高效节水的水资源利用新途径。

节水灌溉能够有效地节约水资源，提高作物水分利用效率（Fereres and Soriano, 2007）。Ibragimov et al.（2007）关于乌兹别克斯坦棉田灌溉水分利用效率的研究发现，相比漫灌模式，滴灌能够提高35%～103%的灌溉水利用效率。Du et al.（2008）在葡萄园进行的交替根区滴灌发现，交替根区滴灌较传统滴灌能够显著提升水分利用效率26.7%～46.4%。不仅滴灌能够提高灌溉水分利用效率，喷灌同样也能够显著提高灌溉水分利用效率。Kahlown et al.（2007）研究发现喷灌模式下小麦的水分利用效率为5.21kg/m^3，相比大田漫灌模式下的1.38kg/m^3 提高了377.54%。董旭（2012）比较了渗灌、滴灌、沟灌3种节水灌溉技术模式对番茄的影响，结果发现灌溉水利用效率从大到小依次为渗灌 > 滴灌 > 沟灌。刘浩等（2012）对麦后移栽棉展开研究发现，亏缺灌溉显著提高了水分利用效率，但是对棉花的产量和纤维品质没有显著影响。王峰等（2010）在对温室番茄的研究中也发现，亏缺灌溉能够减少40～50mm灌溉用水。另外，节水灌溉技术同样也会对作物品质产生较大的影响。Du et al.（2008）研究发现，根区交替滴灌除能够提高葡萄园水分为 8.6。试验选用的冬小麦品种为郑麦 366，播种时间为 2013 年 10 月 3 日，播种量为 150kg/hm^2，收获时间为 2014 年 6 月 2 日。

试验采用随机区组设计，设置 4 个灌溉方式，包括不灌溉（雨养）(NI)、地面灌（FI）、滴灌（DI）和喷灌（SI），每个处理设置 3 次重复，共计 12 个试验小区。小区规格为长 12m× 宽 3.6m，播种行向为南北走向。所有处理，底施均为氮磷钾复合肥（N : P_2O_5 : K_2O = 15 : 15 : 15）600kg/hm^2，播前整地时一次性施入。追肥均为尿素 150kg/hm^2，在返青期前施入农田。其他农田管理措施与当地高产农田保持一致。试验设计如图 2.1 所示。

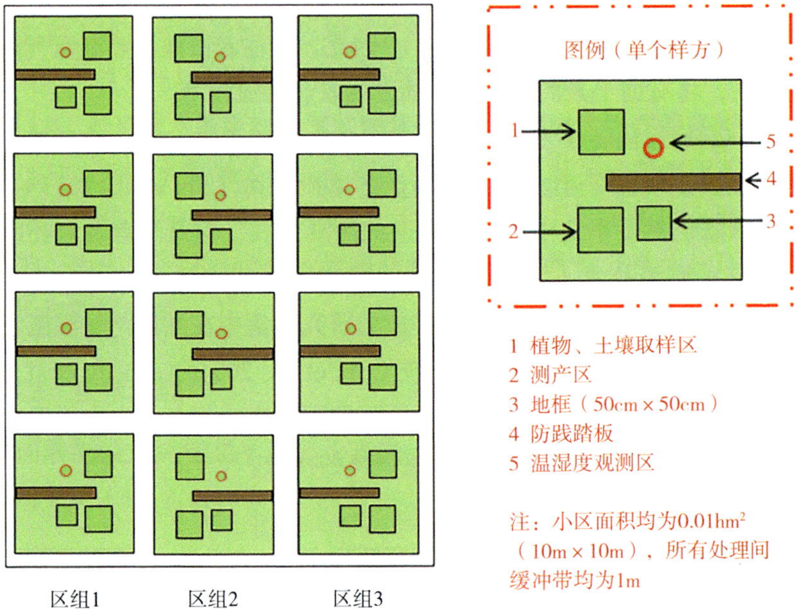

图 2.1　不同灌溉方式对冬小麦农田土壤温室气体排放的影响试验设计示意图

2.1.2　测定项目与方法

2.1.2.1　温室气体通量测定

采用静态箱—色谱法对 3 种温室气体（CO_2、CH_4 和 N_2O）进行监测。大田试验采样时间为 9：00—12：00，用这段时间温室气体的平均排放值代表一天的平均值（Mosier et al., 1991）。采集完成后样品迅速运到实验室，并在 72h 之内分析完毕。试验过程中均使用安捷伦 7890A（Agilent Technologies, Wilmington, DE, USA）色谱仪对温室气体进行分析。仪器具体技术指标如下。

该仪器内部装有离子火焰检测器（FID）和电子捕获检测器（ECD），FID 用于 CO_2 和 CH_4 浓度分析，工作温度为 250℃，载气为 99.999% 高纯 N_2，99.999% 高纯 H_2 作为 FID 的燃气，CO_2 分析完成时间为 3.6min，CH_4 分析完成时间为 7.8min。ECD 用于分析 N_2O 浓度，其工作温度为 300℃，载气同样是高纯 N_2，N_2O 分析完成时间为 7.8min，柱温为 60℃，待机时为 150℃，采用高温还原以保证镍源的活性。本试验采用的标准气体浓度 CO_2 为 401mL/m^3、CH_4 为 2.01mL/m^3 和 N_2O 为 320μm/m^3。气体通量 F 由以下公式计算：

$$F=\frac{\mathrm{d}c}{\mathrm{d}t}\times\frac{M}{V_0}\times\frac{P}{P_0}\times\frac{T_0}{T}\times H \tag{2-1}$$

式中，dc/dt 为采样箱内气体浓度随时间变化的回归曲线斜率；M 为气体摩尔质量（g/mol）；P 为当地大气压强（101kPa）；T 为箱内实际温度（K）；V_0、P_0、T_0 分别为标准状态下的气体摩尔体积（22.4L/mol）、标准大气压（101.325kPa）和大气温度（273K）；H 为采样气室高度（0.5m）。F 为负值时表示气体净吸收，正值时表示净排放。F 单位：CO_2 为 mg/（m^2·h）、CH_4 和 N_2O 为 μg/（m^2·h）。温室气体的累积通量采用线性内插法计算。农田净温室效应采用全球增温潜势来衡量，以 CO_2、CH_4 和 N_2O 这 3 种温室气体净交换量的 CO_2 当量的代数和来计算。由于单位质量 CH_4 和 N_2O 在百年时间尺度全球增温潜势分别是 CO_2 的 25 倍和 298 倍（IPCC, 2007），净温室效应（kg CO_2/hm^2）可表示为：净温室效应 =CO_2+ CH_4×25+N_2O×298。

2.1.2.2　土壤湿度和温度测定

土壤含水量：采用烘干法和 TDR（TDR–300, Spectrum Technologies, Inc., USA）法测定。

土壤温度：采用德图温度探针（Testo, 0560 1110, Freiburg, Germany）进行测定；温室气体采集箱内温度采用今明温度探针测定（JM624，今明科技有限公司，天津）。

2.2 数据处理

采用 SPSS 18.0 对试验数据进行统计分析、相关分析。温室气体排放的区别采用单因素方差分析，新复极差法进行多重比较（显著水平 $P<0.05$）；用 Pearson 相关分析法分析温室气体排放与土壤环境因素的相关性。

2.3 试验结果与分析

2.3.1 气象环境因子

图 2.2 显示的是试验期间的主要环境条件变化情况。可以看出，在试验期间平均气温虽然存在明显的波动，但总体上呈现逐步上升的趋势。气温的最高值出现在 5 月末，为 20℃，而最小值出现在 4 月初，仅为 5.8℃，整个试验期间的平均温度为 15.2℃。在整个试验期间出现了 5 次日降水量超过 10mm 的降水，最大日降水量为 21.1mm，总降水量为 103.6mm，相比多年平均值 132.8mm 偏低。

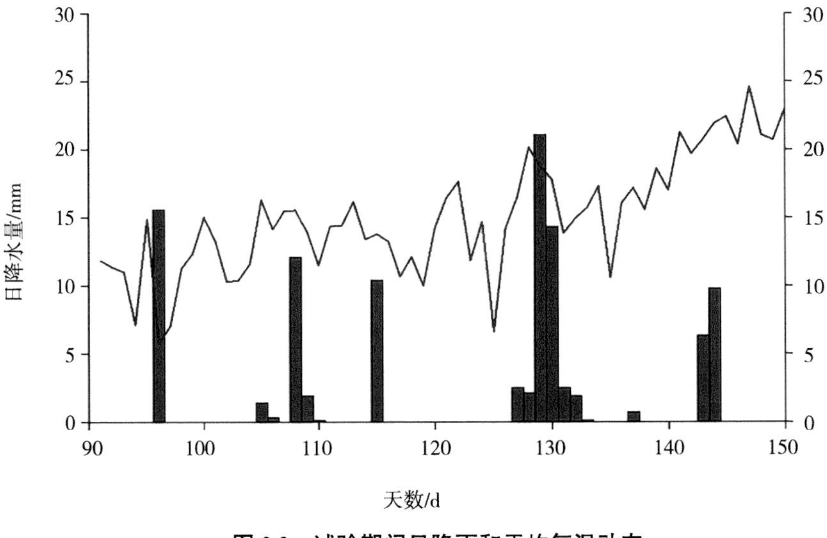

图 2.2 试验期间日降雨和平均气温动态

2.3.2 农田二氧化碳（CO_2）排放

图 2.3 显示的是不同灌溉方式下冬小麦农田 CO_2 排放变化规律。从图 2.3 可以看出，从冬小麦返青到收获，麦田 CO_2 排放存在明显的季节性变化。前期排放量较低，后期排放量先增加后下降。另外，试验数据表明，没有灌溉的雨养农田 CO_2 排放最低，而 3 种灌溉方式下农田生态系统的 CO_2 排放量均高于雨养农田，不同灌溉方式下农田生态系统的 CO_2 排放存在显著差异（$P<0.05$）。从图 2.4 可以看出，相对于雨养处理，滴灌、地面灌及喷灌处理均显著增加了农田 CO_2 排放，增量分别达到 17.81%、20.31% 和 22.27%。相比地面灌处理，虽然滴灌和喷灌处理都没有对农田 CO_2 排放量产生显著影响，但滴灌处理有降低农田 CO_2 排放的趋势，喷灌处理则有增加农田 CO_2 排放的趋势。与滴灌处理相比，喷灌处理能够显著增加农田 CO_2 排放，增幅为 3.8%。通过分析农田 CO_2 排放和土壤 10cm 温/湿度的关系，发现农田 CO_2 排放与土壤 10cm 温度呈现极显著正相关关系（$P<0.01$），而与 10cm 土壤湿度的相关关系不显著（图 2.5）。

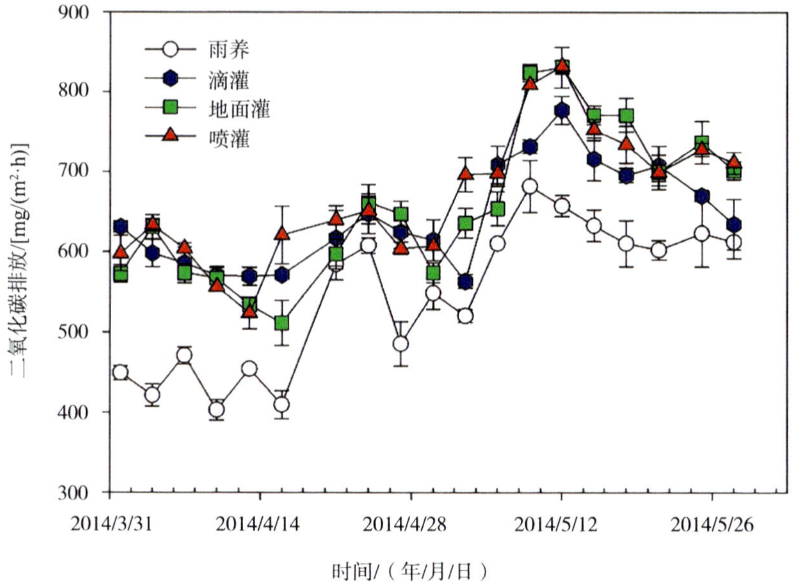

图 2.3 不同灌溉方式下冬小麦农田 CO_2 排放变化规律

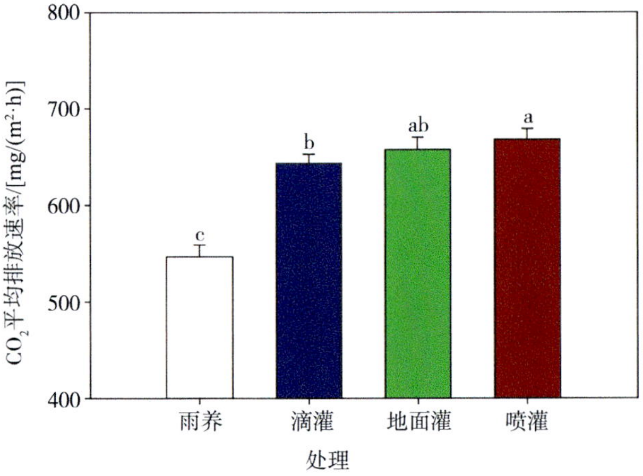

图 2.4　不同灌溉处理下冬小麦农田 CO_2 平均排放速率

注：图中小写字母表示不同处理间差异显著，P<0.05。下同。

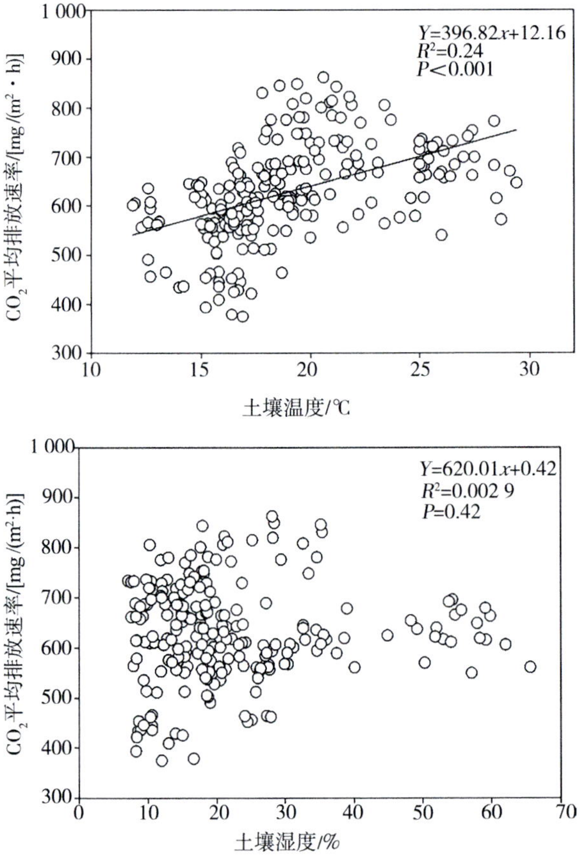

图 2.5　农田 CO_2 排放与 10cm 土壤温度、湿度的线性关系

2.3.3 土壤甲烷（CH_4）排放

不同灌溉方式下 CH_4 排放在试验阶段的变化情况见图 2.6。从图 2.6 可以看出，在整个试验期间，土壤 CH_4 排放除了 4 月 22 日的地面灌处理 11.67μg/（m^2 · h）外，其余的都为负值。这一结果说明试验区域土壤表现为 CH_4 的汇，能够吸收一定量的甲烷。图 2.7 显示的是灌溉处理下 CH_4 平均排放速率。研究发现，雨养处理条件下，土壤对 CH_4 的吸收能力最强，平均值为 57.90 μg/（m^2 · h），而不同灌溉方式均有显著减弱土壤吸收 CH_4 的能力，其中喷灌处理减弱程度最强，达到了 35.01%，而滴灌和地面灌处理减弱量也分别达到了 14.65% 和 30.59%。相比地面灌处理，喷灌有减弱土壤 CH_4 吸收的能力但统计学上不显著，而滴灌却显著增加了土壤对 CH_4 的吸收，达到了 22.97%。通过分析土壤 CH_4 排放和土壤 10cm 温/湿度的关系发现，土壤 CH_4 排放与土壤 10cm 温度呈现极显著负相关关系（$P<0.01$），也就是说随着土壤温度的上升，土壤对 CH_4 的吸收能力会增强。研究还发现土壤 CH_4 排放与土壤湿度存在显著正相关关系，也就是说随着土壤湿度的增加，土壤对 CH_4 的吸收能力会减弱（图 2.8）。

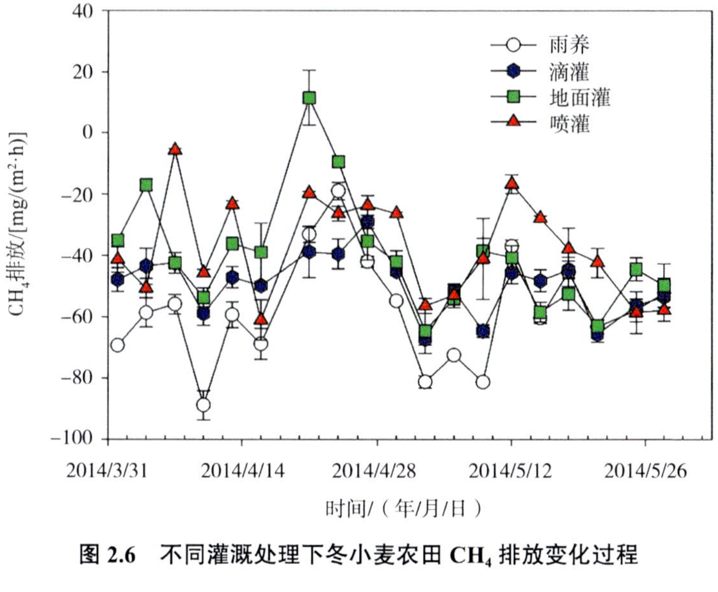

图 2.6 不同灌溉处理下冬小麦农田 CH_4 排放变化过程

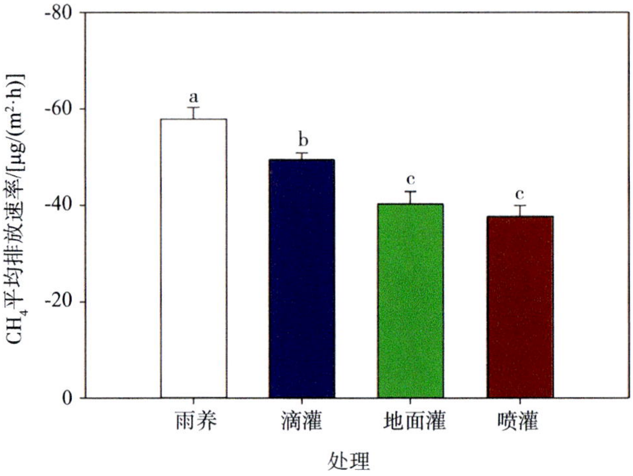

图 2.7　不同灌溉处理下冬小麦农田 CH_4 平均排放速率

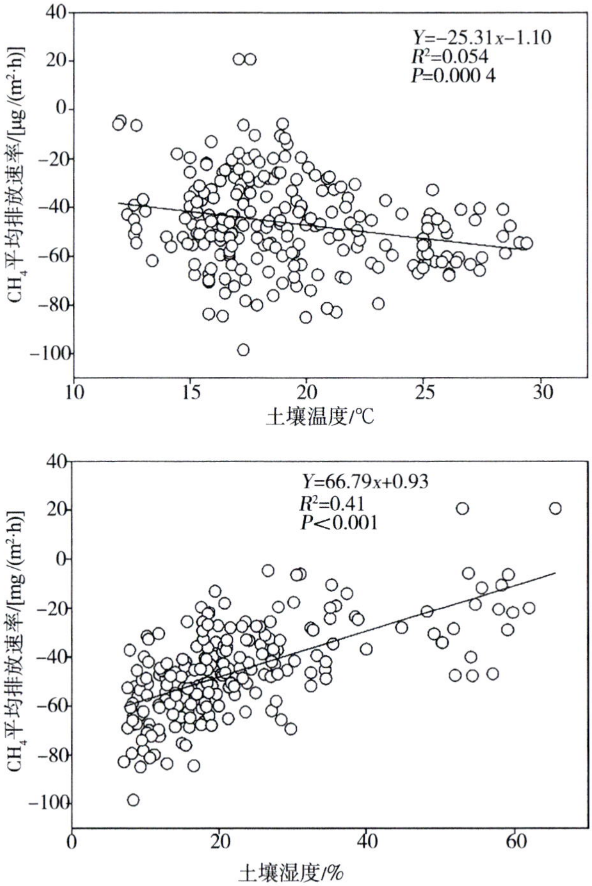

图 2.8　农田 CH_4 排放与 10cm 土壤温度、湿度的线性关系

2.3.4 土壤氧化亚氮（N_2O）排放

不同灌溉处理下冬小麦农田在试验期间的 N_2O 排放变化过程如图 2.9 所示。通过图 2.9 可以看出，在试验期间 N_2O 出现了两次排放峰，而且 4 种处理的排放峰是一致的，第一次出现在 4 月 22 日，而后排放通量逐渐下降，直到 5 月 10 日又出现第二次排放峰。从图 2.10 还可以看出，雨养处理 N_2O 排放速率相对其他 3 种灌溉处理要小些。统计分析显示，喷灌处理和地面灌处理土壤 N_2O 排放之间没有显著区别，且二者均显著高于滴灌处理和雨养处理（$P<0.01$），而滴灌处理的土壤 N_2O 排放速率又显著高于雨养处理。通过绘制的 N_2O 排放与表层 10cm 土壤温湿度的关系图 2.11，可以看出土壤 N_2O 排放与表层 10cm 土壤的温度和湿度均存在显著的正相关关系。

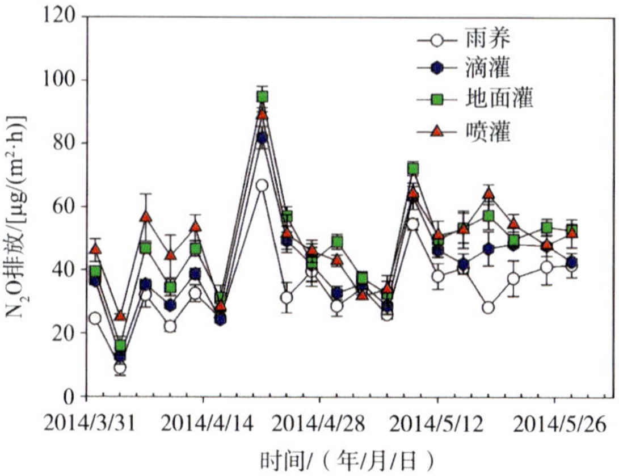

图 2.9　不同灌溉处理下冬小麦农田 N_2O 排放变化过程

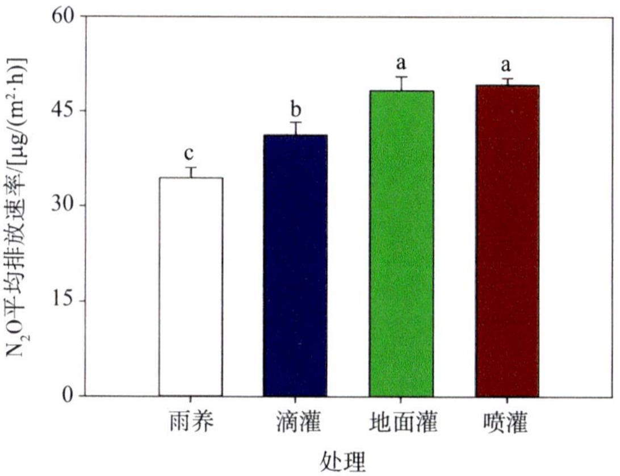

图 2.10　不同灌溉处理下冬小麦农田 N_2O 平均排放速率

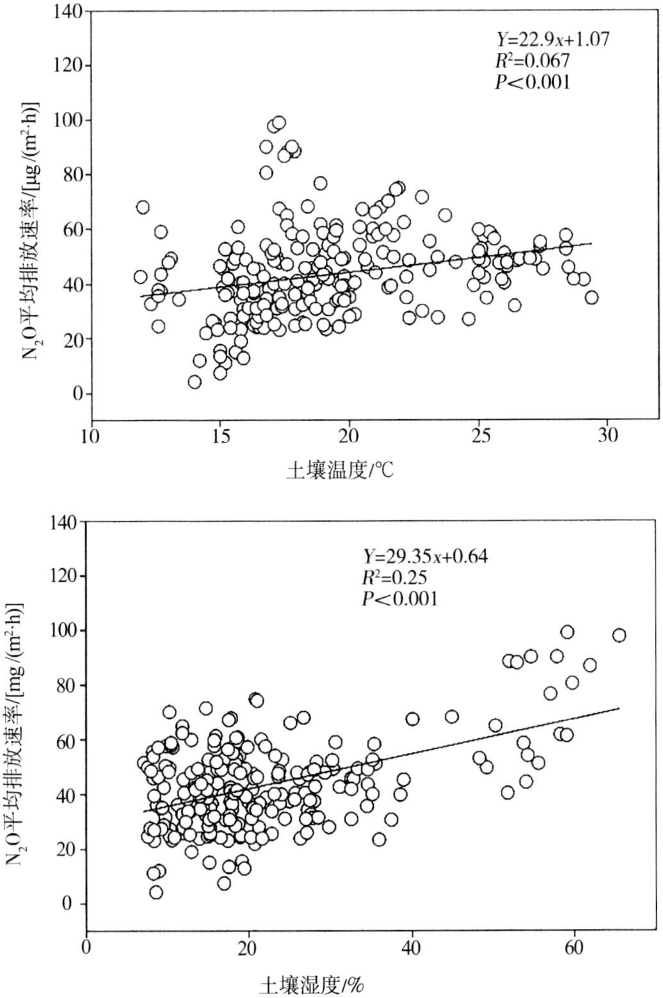

图 2.11　农田 N_2O 排放与表层 10cm 土壤温度、湿度的关系

2.3.5　温室气体累积通量和全球增温潜势（GWP）

整个试验期间不同灌溉方式下冬小麦农田生态系统的 CO_2、CH_4 和 N_2O 累计排放量汇总于表 2.1。数据显示，不同灌溉方式下农田生态系统累积 CO_2 排放量存在显著的差异，这与 CO_2 排放速率显示的规律相一致，均表现为喷灌处理最高，地面灌和滴灌处理次之，而雨养处理最低的特点。对于土壤 CH_4 累积排放量，则呈现与 CO_2 累积排放相反的规律，即雨养处理土壤 CH_4 吸收能力最强，试验期间累积吸收（78.74 ± 0.098）mg/m^2，并且显著高于滴灌、地面灌和喷灌处理。3 种灌溉方式相比较，滴灌处理的土壤累积 CH_4 吸收量要显著高于地面灌和喷灌处理，而喷灌处理下的土壤 CH_4 累积吸收量最低。土壤 N_2O 的累积排放量与 CO_2 累积排放量具有相似的变化规律，在喷灌处理下最大，并显著高于滴灌和雨养处理，不同的是与地面灌处理之间没有呈现明显的差异。滴灌处理下的土壤 N_2O 累积排放量也显著高于雨养处理下的 N_2O 累积排放量。

关于 GWP，其数值基本受农田 CO_2 累积排放量所控制，CO_2 排放对 GWP 的贡献均达到了 95% 以上。3 种温室气体换算成 CO_2 当量后，其 CO_2 排放当量之和要大于单一 CO_2 的排放当量，说明土壤对 CH_4 的吸收不能够完全抵消 N_2O 的排放。

表 2.1　不同灌溉方式处理下温室气体累积排放通量以及全球增温潜势

灌溉方式	CO_2 累积排放 /（g/m^2）	CH_4 累积排放 /（mg/m^2）	N_2O 累积排放 /（mg/m^2）	GWP
NI	748.20 ± 3.43c	−78.74 ± 0.098a	47.86 ± 1.48c	760.56 ±3.86c
DI	880.50 ± 9.67b	−67.54 ± 1.29b	57.33 ± 1.07b	895.92 ±9.96b
FI	897.70 ± 5.84ab	−53.88 ± 5.43c	67.06 ± 0.90a	916.31 ±6.03ab
SI	914.68 ± 4.27a	−51.05 ± 2.65c	67.97 ± 1.75a	933.62 ±4.65a

注：表中小写字母表示不同处理间差异显著，$P<0.05$。

2.4　讨论

2.4.1　灌溉方式对冬小麦农田 CO_2 排放的影响

灌溉显著增加了冬小麦农田生态系统 CO_2 排放量，而相对于传统的地面灌而言，喷灌和滴灌等节水灌溉技术也显著影响了农田生态系统 CO_2 排放。Kallenbach et al.（2010）在对加利福尼亚的番茄农田进行观测之后发现，地表滴灌相比传统地面灌溉并没有显著改变 CO_2 排放，与本试验结果一致。此外，本试验结果显示喷灌处理下冬小麦农田 CO_2 排放要高于滴灌处理（3.8%），并且达到了统计学的显著水平，这可能是由于喷灌处理显著增加了土壤含水量，促进了作物生长，显著提高了作物的生物量（Bai and Li，2003; Lv et al., 2010），并且促进了土壤微生物的活性（Entry et al., 2004; 2008），从而引起冬小麦农田生态系统 CO_2 排放增加。试验期间冬小麦农田生态系统 CO_2 排放的数量为 511.1 ～ 831.9mg/（m^2·h），这与该区域先前的研究是相符合的（Ding et al., 2007），但是该数值却显著地高于干旱与半干旱区域小麦田的 CO_2 排放值（Lam et al., 2011）。前人的研究表明，土壤温度和湿度均能够显著影响生态系统 CO_2 排放（Kallenbach et al., 2010），但本试验只观察到土壤温度与冬小麦农田生态系统 CO_2 排放呈显著正相关关系，这种情况形成的原因需要进一步研究探索。

2.4.2 灌溉方式对土壤 CH_4 排放的影响

数据显示，CH_4 在整个试验期间基本上都表现为吸收，这可能是开展本试验的田块排灌条件较好，且灌溉只是补充灌溉所致（Ineson et al., 1998; Liu et al., 2012），其 CH_4 排放模式完全不同于长期淹水的水稻田（Cai et al., 1997; Peng et al., 2012）。另外，本试验还发现，降雨或者灌溉之后，土壤对 CH_4 的吸收减弱或者表现为排放，这与 Davidson et al.（2004）的研究结果一致。在对不同灌溉方式进行比较后发现，雨养条件下土壤对 CH_4 的吸收能力最强，而滴灌处理下土壤对 CH_4 的吸收能力要显著高于地面灌处理，这可能是由于滴灌和雨养处理下地表土壤湿度相对较低，提高了土壤的通透性，有利于 O_2 进入土壤孔隙之中，从而促进了土壤对 CH_4 的氧化（Castro et al., 1995），也有研究者在棉花田开展的研究中发现了相似的结论（Wu et al., 2014）。本试验没有发现地面灌和喷灌处理的 CH_4 吸收存在显著差异，这可能是因为两种灌溉方式所需的灌溉水量均较大，水分入渗具有相似的模式，形成了相似的土壤干湿动态变化。另外，已有研究证明土壤湿度是 CH_4 氧化的主要影响因素（Brumme and Borken, 1999），本研究结果也发现表层土壤含水量与 CH_4 排放存在显著的正相关关系。土壤温度也是 CH_4 排放的重要影响因子，因为合适的土壤温度能够促进甲烷氧化菌的活性（Dobbie et al., 1996），本研究结果也发现 CH_4 吸收与表层土壤的温度呈现显著负相关关系，这与 van den Pol-van Dasselaar et al.（1998）的研究结论是一致的。

2.4.3 灌溉方式对土壤 N_2O 排放的影响

在整个试验期间，共发现两个 N_2O 排放高峰，且均发生在降雨或灌溉之后，这可能是因为降雨或者灌溉显著改变了土壤水分含量，影响了土壤通透性，从而影响了土壤硝化与反硝化过程（Bremner, 1997; Pérez et al., 2006）。本试验结果显示，与地面灌相比，滴灌条件下土壤 N_2O 排放量较低，这与 Kallenbach et al.（2010）的研究一致，原因可能是相对于地面灌溉的湿润方

式而言，滴灌的局部湿润方式显著改善了土壤通透性，从而引起温室气体排放的变化（Kallenbach et al., 2010; Trost et al., 2013）。另外，本试验结果没有发现喷灌处理与地面灌处理在土壤 N_2O 排放上具有明显的差别，这与已有的一些研究结论不一致（Nelson and Terry, 1996）。本研究发现麦田土壤 N_2O 排放与表层土壤含水量呈现显著的正相关关系，这与 Ruser et al.（2006）和 Li et al.（2012）的研究结果一致。Amha 和 Bohne（2011）指出反硝化过程与土壤含水量存在显著的正相关关系，这可以解释为土壤含水量增大，N_2O 排放增加。本研究还发现土壤 N_2O 排放与表层 10cm 土壤的温度呈现显著的负相关关系，这与 Li et al.（2012）的研究结果相符合。

2.4.4 灌溉方式对全球增温潜势的影响

试验结果显示，麦田全球增温潜势（GWP）随着灌溉方式的改变发生了显著变化，这意味着合理调控农田灌溉亦有可能成为今后减缓农田温室气体排放的一项重要措施。滴灌处理的 GWP 相比其他两种灌溉方式都要低，说明在水资源严重短缺的干旱、半干旱地区，广泛推广应用滴灌技术不仅能够减少水资源消耗，保障粮食生产用水需求，而且能够在一定程度上减缓温室气体的排放。

2.5 小结

本章的试验工作较为系统地比较研究了华北南部地区不同灌溉方式对冬小麦农田温室气体排放的影响，得出的主要研究结果总结如下。

与地面灌相比，滴灌不仅能够减少灌溉用水量，提高水分利用效率，为小麦生产的高产、稳产提供更好的水资源保障，而且能够减轻麦田土壤 CO_2 和 N_2O 排放，增加土壤 CH_4 吸收，是一种既能够应对水资源短缺，又能有效减少温室气体排放的高效灌溉方式。

相比雨养处理，各种灌溉方式处理均会显著增加温室气体排放。灌溉是干旱区域确保作物高产、稳产的重要农田管理措施，在全球气候不断变暖的大背景下，如何优化灌溉管理措施，在充分保障粮食生产的同时有效减少温室气体排放将是今后干旱区灌溉农业发展必须充分予以考虑的问题。

3 滴灌模式下水氮交互对土壤胞外酶活性和细菌群结构的影响

土壤酶是土壤的重要组成部分，是土壤中最为活跃的组分之一，也是表征土壤中物质、能量代谢程度和土壤质量水平的一个重要生物指标。土壤微生物与土壤酶活性较其他土壤性质能够更为迅速地响应农田水肥管理、种植模式以及土地利用方式的变化（Wang et al., 2009; Yusuf et al., 2009）。因此，近年来将土壤酶活性与土壤微生物群落结构组成作为土壤健康状况的生物指标来指导土壤生态系统管理已逐渐成为研究热点（张俊丽 等, 2012）。

水资源短缺已经成为我国华北地区农业发展的主要限制因素之一，由于过量施肥所引发的氮素养分累积和面源污染也已成为亟待解决的严重环境问题之一（侯彦林 等, 2009）。滴灌被公认为是高效节水节肥的农田灌溉技术，并且有研究表明水肥一体化滴灌与传统灌溉加撒施肥料模式相比能显著提高水分利用效率 14%~35%（Wang et al., 2013）和肥料利用效率 30% 左右（尹飞虎 等, 2010）。大量研究显示，土壤水分状况（Brockett et al., 2012; Maestre et al., 2015; Zhang et al., 2015）和氮素（Geisseler and Scow, 2014; Sun et al., 2015）是影响农田土壤微生物群落结构和酶活性的主要因素。因此，研究滴灌模式下水氮交互对冬小麦农田土壤酶活性以及微生物群落结构的影响，为今后综合评价滴灌技术以及灌溉方式变革后的土壤质量评价提供理论基础。

3.1 试验材料与方法

3.1.1 试验设计

试验所用土壤采自中国农业科学院农田灌溉研究所七里营综合试验基地滴灌模式下水氮交互试验平台。土壤采样日期为 2014 年 5 月 16 日，正处于冬小麦灌浆期。样品采集在 16：00 之后进行，以避免高温对采样带来的影响。采样时，用内径 5cm 的土钻在小区内沿“S”形路径取 9 钻 0 ～ 20cm 层次的土壤，储放在干净的塑料盆中，在遮阳伞下手工拣出较大的植物体残渣，然后将土壤充分混合均匀，用“四分法”取出部分土壤转入自封袋，迅速冷藏在车载冰箱中。待所有样品收集完毕，在实验室再将每个自封袋土壤都分成 3 份，一份自然风干用作土壤理化性质测定，一份在 4℃下冷藏用于土壤无机氮含量和土壤酶活性测定，一份转入 50mL 离心管中迅速冷冻（–20℃）以待进行 DNA 提取、解析。本试验采用滴灌水肥一体模式下水氮交互处理，共设置 15 个处理，每个处理 3 次重复。其中水分因素设置 3 个水平，分别为高水量水分处理（灌水下限控制在田间持水量的 70% ～ 75%，需要灌水时计划湿润层灌至田间持水量）、中水量水分处理（灌水量为高水量水分处理的 75%）、低水量水分处理（灌水量为高水量水分处理的 50%）。氮素因素设置 5 个水平，分别为 N0（施纯氮 0kg/hm^2）、N8（施纯氮 120kg/hm^2）、N12（施纯氮 180kg/hm^2）、N16（施纯氮 240kg/hm^2）、N20（施纯氮 300kg/hm^2）。其他农田管理措施与当地高产农田保持一致。冬小麦收割后轮作夏玉米。

3.1.2 测定项目与方法

3.1.2.1 土壤胞外酶活性测定

土壤胞外酶活性可以用单位时间内催化分解底物的量来衡量。荧光微孔板酶检测技术主要依赖于激发光源将酶对荧光共轭物质催化释放的荧光物质激发，从而被检测到。通常用 4–methylumbelliferone（MUB）作为指示剂，MUB 可在 365nm 波长处激发，并在 460nm 处检测到荧光，其与某些特定底物相结合荧光特性消失，通过酶的催化作用将 MUB 释放出来，因此通过监测荧光量来表征酶活性。试验步骤如下：

（1）称新鲜土壤样品 2.0g，将土样装入振荡瓶并加入 100mL Tris 碱性缓冲溶液，放入振荡器振荡 30min。

（2）将振荡后的溶液取出，静止 30min 后，用 8 通道排枪取 100μL 土壤溶液加入 96 孔板。

（3）加入待测定土壤胞外酶所对应的荧光标记底物 100μL（表 3.1）。

表 3.1　本试验涉及土壤胞外酶性质

酶名称	缩写	对应底物名称	功能
α -1,4-Gulcosidase	αG	4-MUB- α -D-glucoside	淀粉降解
β -1,4-Gulcosidase	βG	4-MUB- β -D-glucoside	纤维素降解
Cellobiohydrolase	CBH	4-MUB- β -D-cellobioside	纤维素降解
Phosphatase	Phos	4-MUB-phosphate	有机磷矿化
β -1,4-N-Acetyl-glucosaminidase	NAG	4-MUB-N-acetyl- β -D-glucosaminidase	甲壳素降解
β -1,4-Xylosidase	βX	4-MUB- β -D-xyloside	半纤维素降解
Phenol oxidase	PhOx	L-DOPA	木质素降解
Peroxidase	Perox	L-DOPA	催化氧化反应

（4）将加过样的 96 孔板放入 25℃培养箱黑暗培养 3h。

（5）将平板从培养箱取出，利用酶标仪（帝肯，Infinite-200Pro，瑞士）在激发波长 365nm 和测定波长 470nm 下读数，测定处理和对照分别做 3 次重复。

（6）制作标准曲线。使用 0.5mol/L Tris 缓冲液制备浓度为 0mol/L、0.01mol/L、0.05mol/L、0.1mol/L、0.25mol/L 和 0.5mol/L MUB 标准液，测定时向孔中加入 100μL 此系列溶液和 100μL 2mol/L NaOH 后进行荧光测定，此系列溶液中含有 MUB 0μmol/L、1μmol/L、5μmol/L、10μmol/L、25μmol/L、50μmol/L、标准曲线每个点 3 次重复。

3.1.2.2　土壤微生物多样性测定

Biolog 技术是通过分布于 96 孔板中的碳源作为底物来分析评价土壤微生物群落生理代谢特征的手段。本研究采用有 31 种碳源（表 3.2）的生态板（Biolog Eco）分析微生物群落的代谢特征，即功能多样性（Garland and Mills, 1991; Preston-Mafham et al., 2002）。Biolog Eco 板接种液的制备采用 Classen et al.（2003）介绍的方法，具体过程如下：

（1）土壤悬液制备。将储存在 4°C 冰箱中的土壤样品预先在 25°C 培养箱中培养 1 周活化；配制 0.85% 的氯化钠溶液在 121°C 高温灭菌锅中灭菌 30min；称取 1g 土壤样品置于 150mL 三角瓶中，加入 99mL 0.85% 的氯化钠溶液，在摇床上 220r/min 摇 2h 使其混合均匀。

（2）土壤悬液稀释。此操作在超净工作台上进行。前一过程制备的土壤溶液静置 20min 后，用移液枪取 1mL 土壤悬浊液，加入 9mL 0.85% 的氯化钠溶液，继续吸取上述稀释 10 倍的土壤悬浊液 1mL，加入 9mL 0.85% 的氯化钠溶液，此时，土壤溶液稀释 100 倍，测定其 OD590 值在 0.13±0.02 范围内（若大于 0.13±0.02，则继续稀释 10 倍，使其稀释倍数为 1 000 倍）。

（3）加样。在超净工作台上，将土壤溶液摇匀，使用电动排枪吸上清液向 Biolog Eco 微平板上每孔加入 150μL 土壤稀溶液，立即读板。前 3 天，每隔 12h 读一次板；第 4 ～ 10 天，每隔 24h 读一次板。本试验采用 EL808-Biolog 微孔板读数仪在 590nm 波长下对 Biolog Eco 板进行数据读取，读板时间分别为 12h、24h、36h、48h、72h、96h、120h、144h、168h 和 192h。

表 3.2　Biolog Eco 板 31 种碳源

A1 空白水	A2 多碳糖 β－甲基 D- 葡萄糖苷	A3 有机酸 D- 半乳糖内酯	A4 氨基酸 L- 精氨酸
B1 有机酸 丙酮酸甲酯	B2 多碳糖 D- 木糖	B3 有机酸 D- 半乳糖醛酸	B4 氨基酸 L- 天冬酰胺酸
C1 聚合物 吐温 40	C2 其他多元醇 I- 赤藻糖醇	C3 有机酸 2- 羟苯甲酸	C4 氨基酸 L- 苯基丙氨酸
D1 聚合物 吐温 80	D2 其他多元醇 D- 甘露醇	D3 有机酸 4- 羟基苯甲酸	D4 氨基酸 L- 丝氨酸
E1 聚合物 a- 环式糊精	E2 胺 N- 乙酰基 -D- 葡萄胺	E3 有机酸 y- 羟基丁酸	E4 氨基酸 L- 苏氨酸
F1 多碳糖 肝糖	F2 胺酸 D- 葡萄胺酸	F3 有机酸 衣康酸	F4 氨基酸 甘氨酰 -L- 谷氨酸
G1 多碳糖 D- 纤维二糖	G2 其他 葡萄糖 -1- 磷酸盐	G3 有机酸 a- 丁酮酸	G4 胺 苯乙基胺
H1 多碳糖 a-D- 乳糖	H2 多元醇 D,L-a- 甘油	H3 有机酸 D- 苹果酸	H4 胺 腐胺

土壤微生物对碳源的利用能力是表征环境微生物生长情况的重要指标。Biolog Eco 微平板技术可以用于估价环境微生物群落代谢多样性和功能多样性的研究。土壤环境中物种多样性与物种的丰富度及均匀度相关，群落内组成的物种越丰富、均匀度越大，则该群落的多样性越高。群落多样性和均匀度是间接反映群落结构和功能的重要特征，通过 Biolog Eco 微平板测定，可以反映出环境中微生物的群落多样性和均匀度，而这两种指数可以反映群落的

稳定性和群落的组成结构，从而更好地反映环境微生态的状况。微生物群落功能多样性的具体计算方法和公式如表 3.3 所示。

表 3.3 表征微生物群落多样性的指数及计算公式

多样性指数	用途	公式	备注
AWCD	评判微生物群落对碳源利用总的能力	$AWCD=\Sigma(C_i-R)/n$	C_i 为所有的 31 个碳源孔的吸光度；R 为对照孔的吸光度；n 为碳源总数（31）
Shannon 多样性指数	评估丰富度和均度	$H'=-\sum p_i(\ln p_i)$	P_i 为第 i 孔的相对吸光值（C-R）与整个平板相对吸光值总和的比率
Simpson 指数	评估某些最常见种的优势度指数	$D=\Sigma\frac{[n_i(n_i-1)]}{[N(N-1)]}$	n_i 是第 i 孔的相对吸光值（C-R）；N 是相对吸光值总和；Simpson 指数用 $1/D$ 表示
Mcintosh 指数	基于群落物种多维空间上的 Euclidian 距离的多样性指数	$U=\sqrt{(\sum n_i^2)}$	同上
丰富度指数	评价物种丰富度	孔个数	每孔 C_i-R > 0.25 的孔个数

利用 Illumina MiSeq 高通量测序平台对滴灌水肥一体交互作用模式下的土壤细菌多样性进行测定分析，以了解灌溉方式改变对土壤微生物环境的影响。具体试验步骤如下：

（1）采用 MO BIO Power Soil DNA Isolation Kit 试剂盒进行基因组 DNA 抽提。

（2）为了确定包含在每个样本中的细菌种类，使用 16S V3f/V4r 广泛的引物进行 PCR 放大。为了最小化可能发生在个别 PCR 反应的偏差，对每个样本和产品执行 3 个独立的反应，测序前进行合并。

16S V3f/V4r 引物：

Amplicon PCR Primer F

TCGTCGGCAGCGTCAGATGTGTATAAGAGACAGTACGGRAGGCAGCAG

Amplicon PCR Primer R

GTCTCGTGGGCTCGGAGATGTGTATAAGAGACAGAGGGTATCTAATCCT

PCR 扩增反应体系：2×KAPA HiFi HotStart ReadyMix 12.5μL，Amplicon PCR Primer F（10μmol/L）0.5μL，Amplicon PCR Primer R（10μmol/L）0.5μL，

DNA（5ng/μL）2.5μL；补 ddH_2O 至 25μL。

PCR 程序：① 95℃预变性 3min；② 95℃变性 30s，60℃退火 30s 和 72℃延伸 30s, 25 个循环；③延伸 72℃，10min。

（3）文库构建。目的 PCR 产物用 0.8 倍体积 AMPure XP Beads 纯化，而后用 P5+index i5 和 P7+index i7 引物进行第二轮扩增，得到的 PCR 产物即带有 P5/P7 接头序列和双端 index。第二轮 PCR 产物用 1 倍体积 AMPure XP Beads 纯化后，用 Qubit dsDNA HS Assay Kit（Invitrogen，美国）进行荧光定量（Qubit 2.0 Fluorometer），多个样本等量混合成测序文库。Index 引物序列如下：

Index 1 Primer

AATGATACGGCGACCACCGAGATCTACAC[i5]TCGTCGGCAGCGTC

Index 2 Primer

CAAGCAGAAGACGGCATACGAGAT[i7]GTCTCGTGGGCTCGG

PCR 扩增反应体系：2×KAPA HiFi HotStart ReadyMix 12.5μL，Index i7 Primer（10μmol/L）0.5μL，Index i5 Primer（10μmol/L）0.5μL，第一轮 PCR 纯化产物 10.0ng；补 ddH_2O 至 25μL。

PCR 程序：① 95℃预变性 3min；② 95℃变性 30s，55℃退火 30s 和 72℃延伸 30s，8 个循环；③延伸 72℃，10min。

（4）利用 emPCR，进行 DNA 片段平行扩增。

（5）Illumina MiSeq 平台测序：取 10ng 的测序文库，用 MiSeq Reagent Kit v3 在 Illumina MiSeq 中进行双向测序，得到 2×300bp 的数据。

3.1.2.3　土壤理化性质测定

（1）土壤速效氮、硝态氮和铵态氮采用流动分析仪（德国 BRAN LUEBBE AA3）测定。

（2）土壤速效磷采用碳酸氢钠浸提法测定。

（3）土壤速效钾采用火焰分光光度计测定。

（4）土壤 pH 值采用 PHS–1 型酸度计测定。

（5）土壤电导率采用电导法测定（DDB–303A 型便携式电导率仪，上海雷磁）。

（6）土壤含水量采用烘干法和 TDR（TDR–300, Spectrum Technologies, Inc., USA）法测定。

3.2 数据处理

采用 SPSS 18.0 对试验数据进行统计分析。各处理间指标的差异采用单因素方差分析，新复极差法进行多重比较（显著水平 $P<0.05$）；在微生物多样性分析中，通过 CANOCO 4.5 进行典范对应分析（CCA）和基于 Weighted Unifrac 距离与 Unweighted Unifrac 距离的主坐标分析（PCoA）；使用 UPGMA（Unweighted/Weighted）聚类，计算群落结构的相似性系数（或者距离系数）；通过在多维度水平降维的方法，在低维度坐标系中考察各样品间，或不同处理组间的土壤微生物群落结构差异。

3.3 试验结果与分析

3.3.1 水肥交互对土壤理化性质的影响

表 3.4 显示的是经过两年不同水肥一体化滴灌处理后土壤理化性质的变化情况。通过统计分析发现土壤含水量在不同灌溉和氮素水平下均发生了显著变化，但是灌溉和氮素的交互作用不显著（P=0.243）。从图 3.1 可以看出，对于所有氮素处理，滴灌水量大小均对土壤含水量产生显著影响（高水量处理 > 中水量处理 > 低水量处理），但是不同氮素处理之间差异在统计学上不显著，仅有沿着氮肥梯度增加，土壤含水量也有增加的趋势。图 3.2 的结果显示，灌溉水量和氮素均对土壤 pH 值产生了显著影响。灌溉水量仅在 N12 和 N16 处理下对 pH 值产生了显著影响，并且都是高水量灌溉处理条件下 pH 值最高，中水量灌溉处理处最低。随着氮素梯度的增加，pH 值显著变化，并且有减小的趋势，其中 N0 处理 pH 值最高，N16 处理 pH 值最低。灌溉水量（$P<0.01$）和氮素水平（$P<0.01$）均对土壤电导率产生极显著影响（表 3.4）。在 N16 处理下，中水量和低水量灌溉处理条件下土壤电导率显著高于高水量灌溉处理。随着氮素水平的增加，土壤电导率有先增加后减小的趋势，表现为 N16 处理土壤电导率最高，N8、N12 和 N20 次之，而 N0 土壤电导率最低（图 3.3）。双因素方差分析表明氮素能够对土壤速效氮含量产生极显著影响（$P<0.01$）且水肥交互作用显著（$P<0.01$），而灌溉水量未对土壤

表 3.4　不同水肥处理下冬小麦农田土壤理化性质

处理	土壤含水量 / %	pH 值	土壤电导率 /（μS/cm）	速效氮 /（mg/kg）	速效磷 /（mg/kg）	速效钾 /（mg/kg）	铵态氮含量 /（mg/kg）	硝态氮含量 /（mg/kg）
N0I1	21.82 ± 0.43	8.72 ± 0.042	165.00 ± 15.85	4.57 ± 0.12	9.02 ± 1.08	59.67 ± 2.03	0.52 ± 0.12	18.79 ± 2.99
N0I2	14.83 ± 0.18	8.63 ± 0.032	155.30 ± 16.53	4.28 ± 0.12	9.13 ± 1.10	66.33 ± 3.67	0.61 ± 0.11	20.89 ± 4.32
N0I3	11.34 ± 0.63	8.66 ± 0.033	159.30 ± 19.03	4.42 ± 0.033	7.47 ± 0.62	58.67 ± 1.45	0.86 ± 0.23	22.72 ± 4.43
N8I1	21.62 ± 0.25	8.49 ± 0.025	238.33 ± 5.24	4.52 ± 0.12	6.77 ± 1.23	63.33 ± 1.45	1.03 ± 0.37	55.57 ± 3.71
N8I2	13.92 ± 0.48	8.52 ± 0.090	272.00 ± 59.81	4.41 ± 0.33	7.40 ± 0.40	63.00 ± 1.53	1.45 ± 0.16	36.17 ± 4.00
N8I3	10.88 ± 0.40	8.57 ± 0.061	233.23 ± 38.70	4.43 ± 0.020	4.30 ± 1.17	66.67 ± 2.03	1.19 ± 0.085	74.30 ± 5.39
N12I1	22.15 ± 0.46	8.66 ± 0.023	202.33 ± 5.24	4.79 ± 0.085	7.35 ± 0.20	62.67 ± 0.67	0.85 ± 0.18	19.33 ± 3.69
N12I2	13.47 ± 0.11	8.43 ± 0.026	278.67 ± 17.17	4.77 ± 0.020	8.05 ± 1.82	58.00 ± 1.53	0.82 ± 0.046	33.97 ± 8.58
N12I3	10.78 ± 0.19	8.56 ± 0.061	209.97 ± 44.04	4.75 ± 0.25	5.61 ± 1.46	55.33 ± 3.33	0.99 ± 0.080	52.60 ± 5.01
N16I1	22.48 ± 1.14	8.62 ± 0.081	176.80 ± 4.68	5.30 ± 0.13	6.33 ± 0.33	52.00 ± 2.52	0.98 ± 0.18	27.87 ± 4.40
N16I2	14.48 ± 0.71	8.33 ± 0.028	330.33 ± 29.87	6.39 ± 0.12	7.00 ± 2.02	54.00 ± 5.51	1.34 ± 0.36	77.91 ± 2.37
N16I3	11.03 ± 0.46	8.35 ± 0.067	361.33 ± 26.89	5.83 ± 0.15	8.40 ± 1.21	52.67 ± 1.76	1.55 ± 0.28	83.38 ± 9.50
N20I1	25.18 ± 0.83	8.50 ± 0.061	193.67 ± 41.23	5.71 ± 0.028	6.77 ± 1.17	56.67 ± 1.20	0.84 ± 0.19	69.39 ± 12.67
N20I2	18.45 ± 0.76	8.41 ± 0.110	242.50 ± 36.15	5.72 ± 0.15	7.98 ± 0.95	59.00 ± 0.58	1.11 ± 0.22	65.09 ± 7.85
N20I3	12.79 ± 0.10	8.55 ± 0.038	234.00 ± 14.73	5.37 ± 0.27	7.07 ± 1.09	52.67 ± 3.18	1.01 ± 0.14	98.53 ± 13.13
双因素方差分析								
氮素水平（N）	$P<0.01$	$P<0.01$	$P<0.01$	$P<0.01$	$P=0.196$	$P<0.01$	$P<0.01$	$P<0.01$
灌溉水量（I）	$P<0.01$	$P<0.01$	$P<0.01$	$P=0.267$	$P=0.205$	$P=0.208$	$P=0.100$	$P<0.01$
N×I	$P=0.243$	$P=0.106$	$P=0.054$	$P<0.01$	$P=0.595$	$P=0.218$	$P=0.867$	$P<0.01$

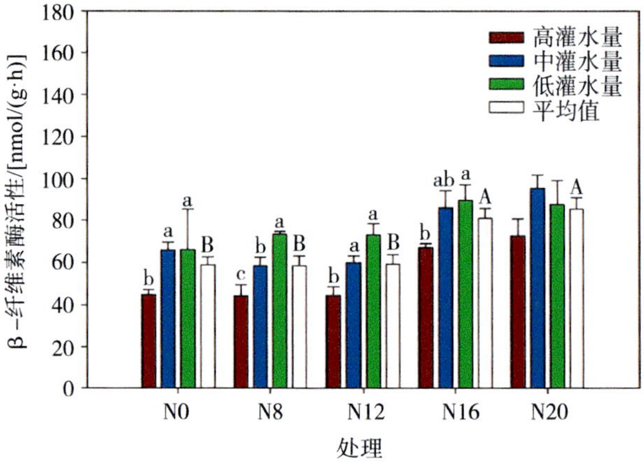

图 3.11　滴灌模式下不同水氮交互对土壤 β－纤维素酶活性的影响

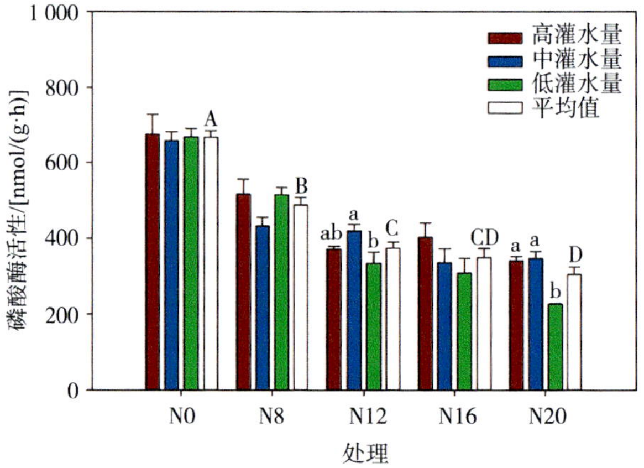

图 3.12　滴灌模式下不同水氮交互对土壤磷酸酶活性的影响

对于磷酸酶活性，本研究发现氮素水平（P<0.01）、灌溉水量（P=0.028）以及二者的交互作用（P=0.038）均对其产生了显著影响。随着氮素梯度的增加，磷酸酶活性递减，即 N0 > N8 > N12 > N16 > N20 处理。灌溉水量处理只在氮素的 N12 和 N20 处理条件下对磷酸酶活性产生了显著影响。

3.3.3　水肥交互对土壤微生物群落的影响

土壤样品总 DNA 提取采用土壤 DNA 提取试剂盒 MO BIO Power Soil DNA Isolation Kit，操作按照使用说明书进行。取 1μL 原液上样，经 1% 琼脂糖凝胶电泳检测，显示所有样品的电泳条带清晰，满足用于下一步试验的要求（图 3.13）。

图 3.13　不同土壤样品 PCR 产物琼脂糖凝胶电泳

PCR 扩增反应体系：2×KAPA HiFi HotStart ReadyMix 12.5μL，Forward Primer（10μmol/L）0.5μL，Reverse Primer（10μmol/L）0.5μL，Template DNA 12.5ng；补 ddH_2O 至 25μL；16S V3f/V4r 引物 5′–3′TACGGRAGGCAGCAG, 3′–5′ AGGGTATCTAATCCT。

PCR 反应参数：95°C 预变性 3min；25×（95°C 变性 30s，60°C 退火 30s，72°C 延伸 30s），循环 25 次后 72°C 延伸 10min，保存在 4°C 冰箱以待下一步使用。

取 1μL PCR 扩增产物上样，经 2% 琼脂糖电泳检测，表 3.6 表示的是不同处理土壤细菌基因扩增条带（表 3.6 和图 3.13 样品对应关系是 1：N0I1–1，2：N0I1–2，3：N0I1–3，4：N0I2–1，5：N0I2–2，6：N0I2–3，7：N0I3–1，8：N0I3–2，9：N0I3–3，10：N8I1–1，11：N8I1–2，12：N8I1–3，13：N8I2–1，14：N8I2–2，15：N8I2–3，16：N8I3–1，17：N8I3–2，18：N8I3–3，19：N12I1–1，20：N12I1–2，21：N12I1–3，22：N12I2–1，23：N12I2–2，24：N12I2–3，25：N12I3–1，26：N12I3–2，27：N12I3–3，28：N16I1–1，29：N16I1–2，30：N16I1–3，31：N16I2–1，32：N16I2–2，33：N16I2–3，34：N16I3–1，35：N16I3–2，36：N16I3–3，37：N20I1–1，38：N20I1–2，39：N20I1–3，40：N20I2–1，41：N20I2–2，42：N20I2–3，43：N20I3–1，44：N20I3–2，45：N20I3–3）。电泳图显示，扩增产物条带清晰，大小位于 500 ～ 600bp。文库制备的目的 PCR 产物经 Illumina MiSeq 上机测序，序列原始数据

预处理允许的最低读长平均测序质量为1%的错误率，去掉低值序列和长聚合物序列数目，保留的最短序列长度为200bp。对处理好的样本序列进行归类，统计每个样本的分析数目，滴灌模式下水肥交互处理土壤样品的原始数据预处理分析序列统计情况如表3.6。

表3.6　样品的分析序列统计

样品	原始读长	低值序列数目	短读长	长聚合物去除序列数目	分析读长
N0I1-1	15214	4445	0	38	10748
N0I1-2	15038	3848	0	30	11173
N0I1-3	15033	3998	0	36	11021
N0I2-1	17586	5226	0	46	12334
N0I2-2	16804	5013	0	30	11778
N0I2-3	16882	4634	0	37	12237
N0I3-1	15992	4401	0	41	11575
N0I3-2	16041	4490	0	52	11524
N0I3-3	15859	4208	0	30	11639
N8I1-1	16675	4872	0	37	11786
N8I1-2	14503	3895	0	33	10591
N8I1-3	17116	4851	0	31	12255
N8I2-1	16304	4148	0	23	12151
N8I2-2	16016	3996	0	30	12006
N8I2-3	17981	4987	0	44	12977
N8I3-1	14480	3953	0	28	10518
N8I3-2	14135	3609	0	21	10518
N8I3-3	15913	4129	0	32	11771
N12I1-1	15024	4093	0	35	10920
N12I1-2	16650	4341	0	25	12299
N12I1-3	13742	3636	0	22	10098
N12I2-1	16029	4792	0	37	11222
N12I2-2	17577	4848	0	24	12724
N12I2-3	15326	4212	0	32	11109
N12I3-1	16450	4175	0	28	12267

（续表）

样品	原始读长	低值序列数目	短读长	长聚合物去除序列数目	分析读长
N12I3-2	14014	3947	0	28	10062
N12I3-3	14030	3639	0	50	10358
N16I1-1	17287	4508	0	36	12771
N16I1-2	15343	4081	0	35	11255
N16I1-3	14086	3975	0	21	10106
N16I2-1	17219	4679	0	33	12533
N16I2-2	14033	3626	0	22	10402
N16I2-3	13697	3593	0	8	10103
N16I3-1	14113	3681	0	8	10430
N16I3-2	17354	5199	0	14	12152
N16I3-3	14442	4130	0	16	10308
N20I1-1	14296	3913	0	13	10379
N20I1-2	14918	3906	0	27	11007
N20I1-3	14681	4323	0	21	10353
N20I2-1	16368	4765	0	18	11600
N20I2-2	15199	4534	0	21	10661
N20I2-3	16798	4565	0	45	12224
N20I3-1	14312	4065	0	21	10242
N20I3-2	16489	4615	0	15	11869
N20I3-3	17408	4982	0	19	12422

非嵌合体序列使用 GreenGenes 等核糖体数据库中的 16S 核糖体序列数据比对，去除非目的物种序列的污染后统计样品的优质序列和其长度分布。结果如表 3.7 和图 3.14 所示。

表 3.7　灌溉和氮素水平土壤样品的优质序列统计

样品	优质序列数目	最短长度	最大长度	平均长度
N0I1-1	9983	304	571	416.84
N0I1-2	10438	289	570	417.17
N0I1-3	10271	292	540	416.68

（续表）

样品	优质序列数目	最短长度	最大长度	平均长度
N0I2-1	11466	286	546	416.47
N0I2-2	10872	298	564	415.27
N0I2-3	11213	291	573	415.82
N0I3-1	10712	292	540	415.89
N0I3-2	10596	291	563	416.06
N0I3-3	10679	292	571	415.89
N8I1-1	10854	298	563	415.90
N8I1-2	9872	290	540	416.38
N8I1-3	11210	292	564	416.78
N8I2-1	11210	292	447	415.84
N8I2-2	11155	289	563	416.30
N8I2-3	11377	313	573	415.82
N8I3-1	11982	287	564	416.30
N8I3-2	9629	292	568	415.88
N8I3-3	9574	323	569	415.35
N12I1-1	10958	289	447	417.06
N12I1-2	10121	313	570	416.83
N12I1-3	11417	292	557	416.70
N12I2-1	9327	292	571	416.56
N12I2-2	10461	313	540	416.46
N12I2-3	11809	292	540	415.83
N12I3-1	10182	292	550	415.75
N12I3-2	11418	292	570	415.72
N12I3-3	9256	286	573	415.93
N16I1-1	9563	287	571	416.80
N16I1-2	11872	292	540	416.64
N16I1-3	10487	292	570	417.31
N16I2-1	9314	289	571	417.29
N16I2-2	11517	289	447	416.57

（续表）

样品	优质序列数目	最短长度	最大长度	平均长度
N16I2–3	9614	289	540	416.42
N16I3–1	9310	306	567	415.46
N16I3–2	9244	306	571	416.14
N16I3–3	9581	306	571	416.14
N20I1–1	10906	306	561	416.92
N20I1–2	11453	306	566	417.00
N20I1–3	11215	306	567	416.62
N20I2–1	9572	306	562	415.62
N20I2–2	9484	306	564	416.23
N20I2–3	10015	306	571	415.98
N20I3–1	9558	306	447	416.22
N20I3–2	10564	306	564	415.97
N20I3–3	9805	306	447	416.07

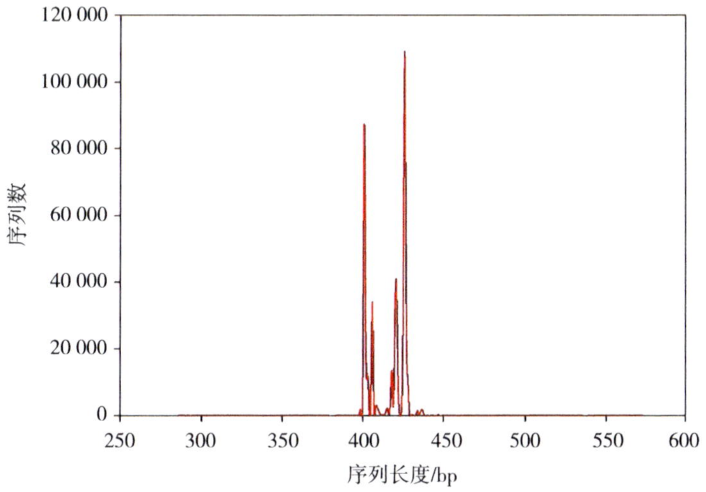

图 3.14　样品优质序列长度分布

稀释曲线（Rarefaction curve），它可以用来比较测序数据量不同的样本中物种的丰富度，也可以用来说明样本的测序数据量是否合理。采用对序列进行随机抽样的方法，以抽到的序列数与它们所能代表 OTU 的数目构建稀释曲线，当曲线趋向平坦时，说明测序数据量合理，更多的数据量只会产生少量新的 OTU，反之则表明继续测序还可能产生较多新的 OTU。因此，通过做稀释性曲线，可得出样品的测序深度情况。滴灌模式下水肥交互试验土壤细菌稀释曲线如图 3.15 所示。

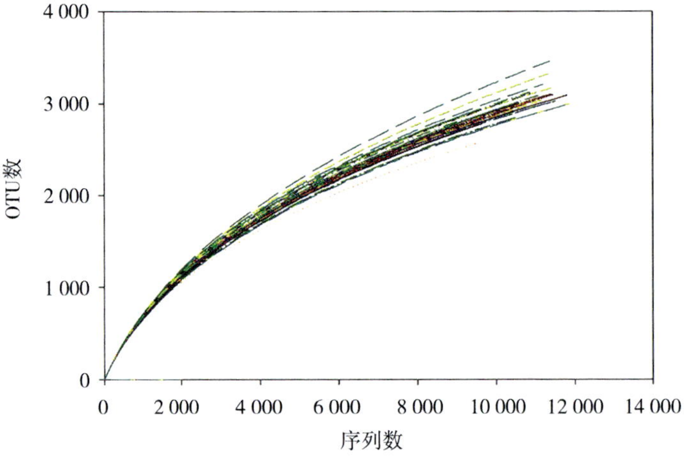

图 3.15　水肥交互处理下土壤细菌稀释曲线（α=0.03）

香农指数曲线（Shannon-Wiener），它是反映样品中微生物多样性的指数，利用各样品的测序量在不同测序深度时的微生物多样性指数构建曲线，以此反映各样本在不同测序数量时的微生物多样性。当曲线趋向平坦时，说明本研究的测序数据量足够大，可以反映样品中绝大多数的微生物信息（图 3.16）。

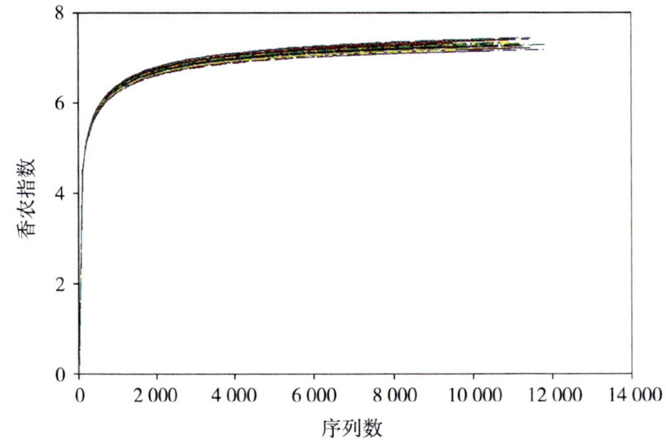

图 3.16　水肥交互处理下微生物多样性香农指数曲线（α=0.03）

Rank 曲线是分析多样性的一种方式。构建方法是统计单一样品中，每一个 OTU 所含的序列数，将 OTUs 按丰度（所含有的序列条数）由大到小等级排序，再以 OTU 等级为横坐标，以每个 OTU 中所含的序列数（也可用 OTU 中序列数的相对百分含量）为纵坐标作图。其可用来解释多样性的两个方面，即物种丰度和物种均匀度。在水平方向，物种的丰度由曲线的宽度来反映，物种的丰度越高，曲线在横轴上的范围越大；曲线的形状（平滑程度）反映了样品中物种的均度，曲线越平缓，物种分布越均匀（图 3.17）。

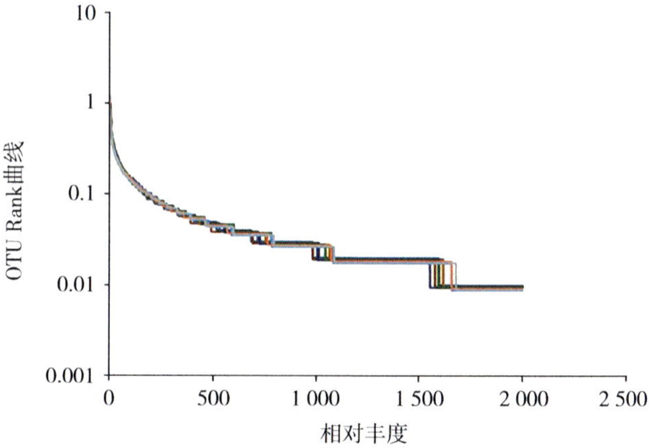

图 3.17　水肥交互处理下微生物多样性 Rank 曲线（α=0.03）

在 97% 的序列相似水平下，对滴灌模式下不同灌溉水量和氮素梯度处理下土壤单样品的多样性（Alpha 多样性）进行统计分析。Chao 指数是用 Chao1 算法估计样品中所含 OTU 数目的指数，Chao1 在生态学中常用来估计物种总数。ACE 指数用来估计群落中 OTU 数目，是生态学中估计物种总数的常用指数之一。Shannon 指数用来估算样品中微生物多样性，它与辛普森指数（Simpson）常用于反映 Alpha 多样性。Shannon 值越大，说明群落多样性越高。Simpson 指数用来估算样品中微生物多样性，在生态学中常用来定量描述一个区域的生物多样性，Simpson 指数值越大，说明群落多样性越低。覆盖度（Coverage）指数表示测序深度。表 3.8 显示的是滴灌模式下氮素水平和灌溉水量对土壤细菌 α 多样性指数的影响结果。可以看出随着氮素水平的增加，土壤细菌的数量代表序列的操作分类单元（OTU）呈现先增加而又下降的趋势，灌溉水量对土壤细菌群落多样性的影响依然显著（P=0.010），但是二者的交互作用不显著（P=0.192）。另外，氮素梯度和灌溉水量也对Shannon指数和辛普森指数均产生了显著影响。其中随着氮素梯度的增加，Shannon指数呈现先减小后增加而又减小的趋势，而辛普森指数呈现先增加后减小的趋势；Shannon指数随着灌溉水量的增加而减小，而辛普森指数相反，呈现随灌溉水量增加而增加的趋势。但是氮素梯度和灌溉水量的交互作用对Shannon指数和辛普森指数的影响均不显著。ACE指数、Chao指数和覆盖度指数在滴灌模式的不同氮素水平和灌溉水量下没有产生显著差异。

利用统计学分析方法，观测样品在不同分类水平上的群落结构，将多个样品的群落结构分析放在一起对比时可以较直观地观测其变化情况。因此，本研究选择了一个更为保守的方法来比较OTU丰富度等定量描述，这里给出的是门水平的丰富度。从图3.18可以看出，在细菌门的丰度上主要分为8个门，分别为变形菌门（Proteobacteria）、放线菌门（Actinobacteria）、拟杆菌门（Bacteroidetes）、芽单胞菌门（Gemmatimonadetes）、酸杆菌门（Acidobacteria）、厚壁菌门（Firmicutes）、疣微菌门（Verrucomicrobia）和硝化螺旋菌门（Nitrospirae）以及和其他菌门构成主要类群。对于占比最高的变形菌门，无论在何种氮肥水平下，灌溉水量对其存在较为明显的影响。另外，还可以看出高水量处理条件下，变形菌门数量占比高，均在45%以上，而中水量和低水量处理下占比较低。而放线菌门与之存在相反结果，在高水量处理条件下占比较低，而随着水分减少，占比逐步上升。经过计算显示，虽然前7种微生物门占比达到了95%左右，而硝化螺旋菌门占比较低，大约为1%，但是高水量灌溉却能够促进其快速繁殖，增加相对数量。

根据所有样品在目水平的丰度信息，从物种和样品两个层面进行聚类，绘制了Heatmap图，其将有助于判断物种在样品中聚集的多寡。滴灌模式下不同氮素水平和灌溉水量下土壤细菌在目的水平下的多寡状况，如图3.19所示，在目的水平下不同氮素梯度和灌溉水量条件下土壤细菌主要有39种，分别为未分类的芽单胞菌目（Unclassified Gemmatimonadetes）、未分类的Gemm–5目（Unclassified Gemm–5）、伯克氏菌目（Burkholderiales）、

表 3.8 滴灌模式下不同氮素水平和灌溉水量对土壤细菌 α 多样性指数的影响

处理	操作单元	ACE 指数	Chao 指数	Shannon 指数	辛普森指数	覆盖度指数
N0I1	3 089.40±50.91	6 744.75±497.77	5 271.06±235.38	7.35±0.003 1	0.001 3±0.000 04	0.85±0.004 3
N0I2	3 040.27±50.72	6 682.59±315.66	5 261.88±164.21	7.33±0.019	0.001 3±0.000 02	0.86±0.004 4
N0I3	3 241.27±47.90	7 431.52±446.02	5 78.66±227.05	7.39±0.008 2	0.001 2±0.000 02	0.85±0.002 2
N8I1	2 927.53±47.20	6 385.17±429.92	5 005.72±202.15	7.21±0.009 8	0.001 7±0.000 06	0.86±0.004 7
N8I2	2 817.53±154.27	6 435.01±400.06	4 990.79±353.62	7.18±0.045	0.001 6±0.000 08	0.86±0.004 7
N8I3	3 245.27±166.39	8 406.06±345.36	6 085.48±726.49	7.33±0.053	0.001 4±0.000 06	0.85±0.013
N12I1	3 052.67±57.53	6 903.84±193.05	5 305.65±27.76	7.25±0.035	0.001 7±0.000 014	0.86±0.004 9
N12I2	2 998.33±135.94	6 917.29±425.76	5 277.67±262.00	7.31±0.043	0.001 4±0.000 07	0.85±0.003 2
N12I3	2 988.33±53.16	7 108.26±280.25	5 281.37±92.78	7.28±0.014	0.001 4±0.000 06	0.85±0.011
N16I1	2 872.67±48.29	6 624.19±181.66	4 986.04±38.95	7.16±0.021	0.001 8±0.000 08	0.86±0.009 7
N16I2	2 722.93±43.11	6 498.20±147.75	4 858.57±145.47	7.21±0.011	0.001 5±0.000 01	0.85±0.002 2
N16I3	2 888.73±67.79	6 837.99±51.60	5 064.67±47.27	7.25±0.008 6	0.001 5±0.000 04	0.85±0.008 9
N20I1	3 065.13±22.89	7 244.28±255.27	5 558.38±90.31	7.21±0.018	0.001 7±0.000 05	0.85±0.003 9
N20I2	2 845.53±84.82	6 618.12±157.41	5 049.69±193.73	7.21±0.036	0.001 6±0.000 08	0.85±0.002 3
N20I3	2 920.60±75.52	6 663.33±229.26	5 095.69±160.92	7.29±0.033	0.001 4±0.000 05	0.85±0.002 3
双因素方差分析						
氮素水平（N）	$P<0.01$	$P=0.832$	$P=0.257$	$P<0.01$	$P<0.01$	$P=0.815$
灌溉水量（I）	$P=0.01$	$P=0.077$	$P=0.090$	$P=0.01$	$P<0.01$	$P=0.226$
N×I	$P=0.192$	$P=0.304$	$P=0.213$	$P=0.174$	$P=0.126$	$P=0.668$

鞘氨醇单胞菌目（Sphingomonadales）、黄色单胞菌目（Xanthomonadales）、腐螺旋菌目（Saprospirales）、黄杆菌目（Flavobacteriales）、假单胞菌目（Pseudomonadales）、红螺菌目（Rhodospirillales）、未分类的 β 变形菌 Ellin6067 目（Ellin6067）、未分类的变形杆菌目（MND1）、未分类的（SC-I-84）、未分类的 β 变形菌（Unclassified Betaproteobacteria）、硝化螺旋菌目（Nitrospirales）、军团菌目（Legionellales）、粘球菌目（Myxococcales）、未分类的 Sva0725（Sva0725）、未分类的 Gemm-1 目（Unclassified Gemm-1）、未分类的 NB1-j 目（NB1-j）、互营杆菌目（Syntrophobacterales）、未分类的 Pedosphaerales（Pedosphaerales）、未分类的 DS-18（DS-18）、红细菌目（Rhodobacterales）、未分类的 Bacillales（Bacillales）、未分类的 Solibacterales（Solibacterales）、未分类的 Gemm-3 目（Unclassified Gemm-3）、色菌目（Chromatiales）、鞘氨醇单胞菌目（Sphingobacteriales）、噬纤维细菌目（Cytophagales）、亚硝化单胞菌目（Nitrosomonadales）、未分类的 Caulobacteriales（Caulobacteriales）、放线菌目（Actinomycetales）、酸微菌目（Acidimicrobiales）、未分类的 Solirubrobacterales（Solirubrobacterales）、未分类的 Gaiellales（Gaiellales）、未分类的 D319-7L14（D319-7L14）、根瘤菌目（Rhizobiales）和未分类的 Alteromonadales（Alteromonadales）。从图的左侧看，这 39 种细菌属又可分为两大类，其中未分类的芽单胞菌目（Unclassified Gemmatimonadetes）、未分类的 Gemm-5 目（Unclassified Gemm-5）、伯克氏菌目（Burkholderiales）、鞘氨醇单胞菌目（Sphingomonadales）、黄色单胞菌目（Xanthomonadales）、腐螺旋菌目（Saprospirales）、黄杆菌目（Flavobacteriales）、假单胞菌目（Pseudomonadales）、红螺菌目（Rhodospirillales）、未分类的 β 变形菌 Ellin6067 目（Ellin6067）、未分类的变形杆菌目（MND1）、未分类的（SC-1-84）、未分类的 β 变形菌（Unclassified Betaproteobacteria）、硝化螺旋菌目（Nitrospirales）、军团菌目（Legionellales）、黏球菌目（Myxococcales）、未分类的 Sva0725（Sva0725）、未分类的 Gemm-1 目（Unclassified Gemm-1）、未分类的 NB1-j 目（NB1-j）、互营杆菌目（Syntrophobacterales）为一类，其余的为第二类。从图上方分类来看，高水量灌溉处理下土壤细菌多样性结构显著区别于中水量和低水量灌溉处理。

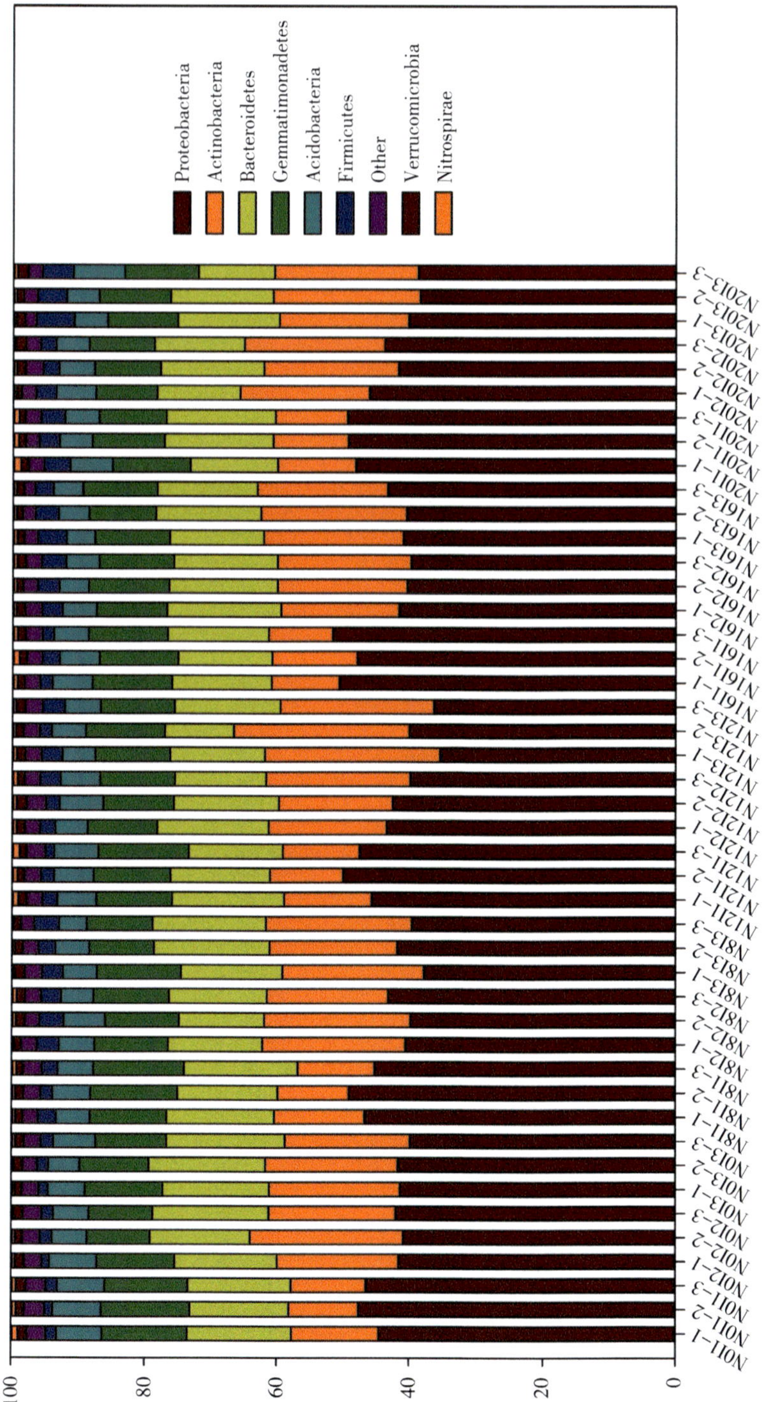

图 3.18 基于 16S rRNA 扩增子 Illumina MiSeq 分析的不同施肥梯度和灌溉水量下土壤细菌群落在门水平下的相对丰度

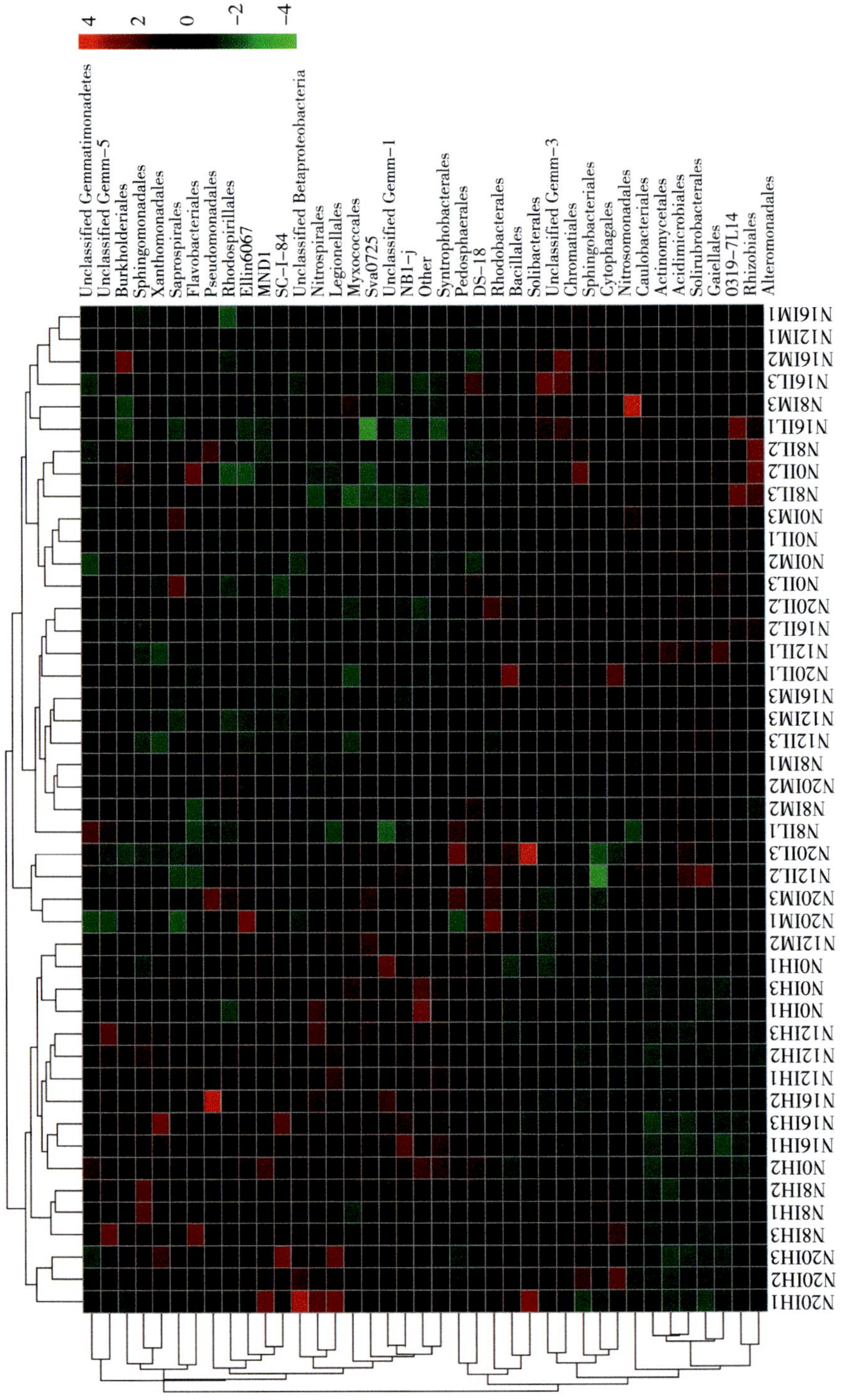

图 3.19　不同水肥处理滴灌模式下土壤细菌群落属水平的相对丰度

已有的研究显示，土壤细菌的群落组成越相似，其在 PCA 图中的距离越接近。滴灌模式下不同氮素水平和灌溉水量处理条件下基于 OTU 水平的 PCA 分析结果如图 3.20 所示。第一主成分（PC1）的贡献率为 38.73%，第二主成分（PC2）的贡献率为 19.71%。在 PC1 轴上 Verrucomicrobia、Actinobacteria 和 Firmicutes 分布在正方向；而 Acidobacteria、Gemmatimonadetes、Proteobacteria、Nitrospirae 和 Bacteroidetes 分布在负方向。在 PC2 轴上 Gemmatimonadetes、Acidobacteria、Verrucomicrobia 和 Actinobacteria 分布在正方向，而 Nitrospirae、Proteobacteria、Bacteroidetes 和 Firmicutes 分布在负方向。

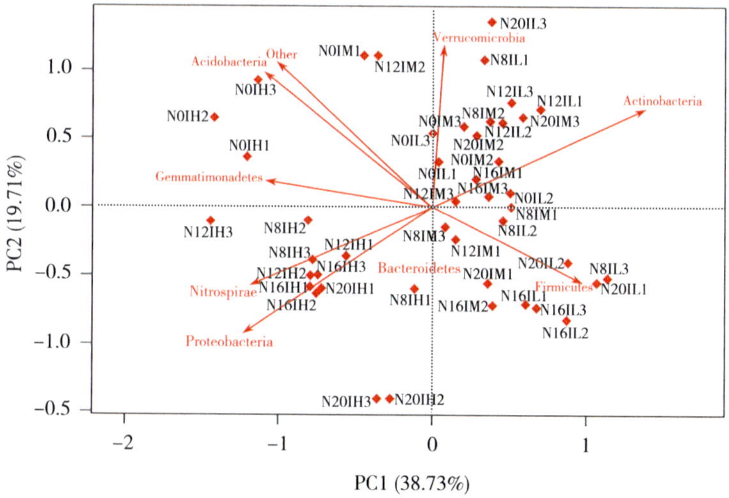

图 3.20 滴灌模式下不同水肥处理
土壤细菌群落权重 Unifrac 主坐标分析

主坐标分析（PCoA）是通过一系列的特征值和特征向量排序从多维数据中提取出最主要的元素。样品距离越接近，表示物种组成结构越相似，因而群落结构相似度高的样品倾向于聚集在一起，群落差异大的样品则分开较远。基于 Weighted Unifrac 距离的 PCoA 分析如图 3.21 所示。土壤细菌在灌溉水量比氮素梯度上聚集更紧密，可以通过图 3.21 清楚地看出高水量灌溉处理样品分布在 PC1 的负方向和大多数分布在 PC2 的正方向，而中水量和低水量灌溉分布在 PC1 的正方向，从 PC2 看也集中于正方向。灌溉水量对群落结构相似度的影响高于氮素梯度处理，表明土壤微生物群落在不同滴灌水量条件下的土壤微生物群落代谢功能存在较大差异。

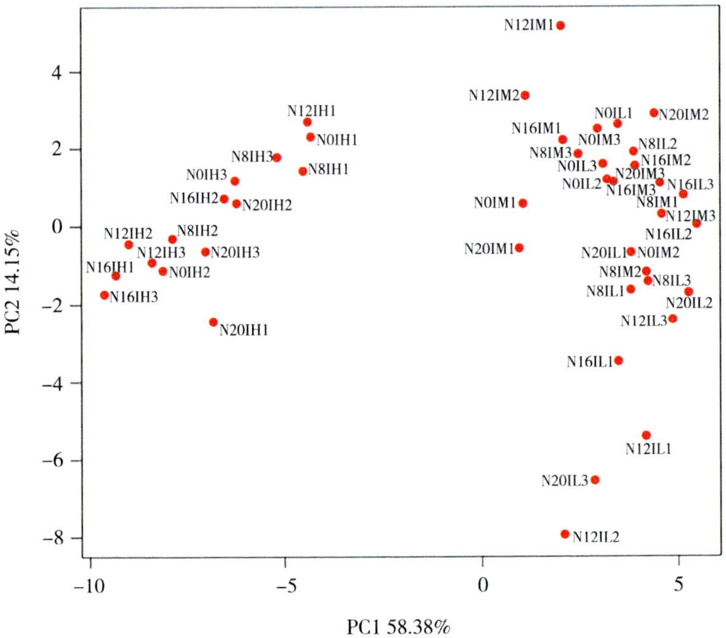

图 3.21　滴灌模式下不同水肥处理土壤细菌群落主成分分析

韦恩图可以直观地表示不同样品之间共有和特有的 OTU，显示在不同处理条件下样品之间的 OTU 组成相似程度。这里用不同颜色标记样品，数字表示某个样品独有或几种样品共有的 OTU 数量。滴灌模式下不同氮素水平和灌溉水量处理样品韦恩图如图 3.22 所示，韦恩图中每个圈代表一个

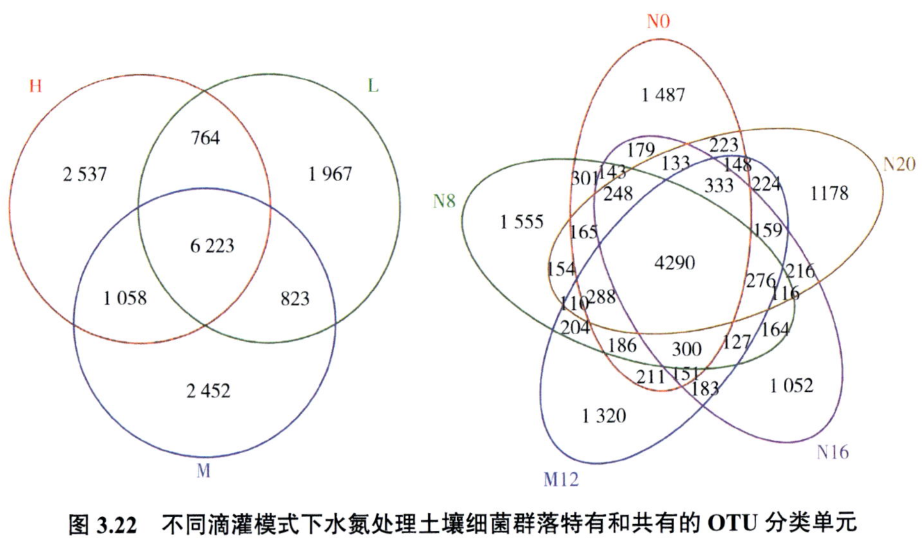

图 3.22　不同滴灌模式下水氮处理土壤细菌群落特有和共有的 OTU 分类单元

（组）样，圈和圈重叠部分的数字代表样本（组）之间共有的 OTU 个数，没有重叠部分的数字代表样本（组）的特有 OTU 个数。韦恩图分析结果表明，高水量灌溉处理下独有细菌 OUT 分类单元最多为 2 537，中水量灌溉次之为 2 452，而低水量处理则最低为 1 967，3 种水量的共有量为 6 223。不同氮素梯度下，OUT 分类单元组成差异不大，且没有明显的处理规律。这说明灌溉水量对冬小麦农田土壤细菌影响更为剧烈，且高水量能够促进土壤细菌增殖。

3.4 讨论

3.4.1 滴灌模式下水肥交互对土壤胞外酶活性的影响

通过两年麦田水肥一体化滴灌试验，可以看出无论灌溉水量还是氮素梯度均对土壤胞外酶产生了显著影响。其中 α－葡萄糖苷酶、β－葡萄糖苷酶和 β－纤维素酶对水分响应较为明显。这可能是因为在冬小麦生长季，降雨严重不足，灌溉补给的水分促进了冬小麦根系乃至整个农田生态系统土壤的微生物活性，从而促进了微生物以及植物根系胞外酶的活性。另外，土壤胞外酶活性对氮素梯度也有较好的响应，这是因为氮素是生物体必需的矿质元素，氮素施用量的不同，会对土壤微生物增殖和生长产生促进或者抑制作用。对土壤酶活性的分析可以看出，随着氮素梯度的增加，磷酸酶活性下降较为明显，而 β－纤维素酶则有增加的趋势。因此，今后对于土壤酶活性对水肥一体化灌溉处理的响应研究应该更具体、细化。

3.4.2 滴灌模式下水肥交互对土壤细菌群落结构的影响

大量的研究结果已经表明，施肥对土壤细菌群落结构的影响强烈。Geisseler 和 Scow（2014）研究发现增加氮素输入可以减小土壤微生物量，从而影响土壤微生物结构；Lupwayi et al.（2012）的研究工作也发现了类似的结果。但也有研究表明施肥类型对不同类型土壤的根际微生物细菌群落结构影响不同（Roberts et al., 2011）。此外，有研究表明全球干旱区域土壤湿度的持续降低能够显著减少土壤微生物多样性和丰度（Maestre et al., 2015）。我国科研人员对温带草原的研究也发现土壤微生物群落结构以及数量受降雨变化的影响较大，当土壤水分成为草原土壤生产力的主要限制因素时，氮素对微生物群落结构不会产生显著的影响（Zhang et al., 2015）。通过本研究发现，在冬小麦生长季，相对于氮肥梯度的影响，水分是对土壤微生物结构更为重要的影响因子，并且不同土壤微生物种类和不同土壤胞外酶活性对灌溉水量的响应不同。因此，下一步的研究工作需要细化研究冬小麦农田灌溉水量及灌溉水质等主要灌溉要素对土壤微生物结构的影响，这样才能够更为全面地评价水分短缺状况下节水灌溉技术应用与推广对农田土壤环境的影响。

3.5 小结

本试验利用荧光微孔板酶检测技术和 Illumina MiSeq 高通量测序技术研究了水肥一体化滴灌模式下水肥交互处理对农田土壤胞外酶和细菌群落组成变化特征的影响，力求为水分短缺状况下，灌溉模式改变后土壤健康状况评价提供基础数据。具体研究结果如下。

滴灌模式下水肥交互能够显著影响多项土壤理化性质。这说明灌溉方式改变必将引起土壤特性的变化，今后要加强灌溉结构变化地区农田土壤结构评估与评价，以期能够准确反映灌溉实践变化对农田土壤理化性质带来的影响。

水肥一体化滴灌模式下灌溉水量和氮素梯度均对土壤胞外酶活性产生了较大影响，但是对于不同种胞外酶活性影响不同。在不同氮素梯度下，灌溉水量对土壤胞外酶影响较为一致。这说明无论是氮素还是灌溉水量都是土壤胞外酶活性的重要影响因素，但是相比氮素，胞外酶活性对灌溉水量的响应更为强烈。这说明灌溉是土壤微环境的重要影响因素，今后对于农田土壤微生物环境的评价必须考虑灌溉实践因素权重。

与水肥一体化滴灌模式下低水量和中水量灌溉相比，高水量灌溉对冬小麦农田土壤细菌的影响较大，灌溉水量显著改变了土壤细菌结构和功能，而受不同氮素梯度的影响却不明显。这说明对于干旱、半干旱地区或者降雨空间分布不均匀区域，土壤水分含量可能是引起土壤微生物环境变化的重要环境因子，而灌溉是改变土壤含水量最为有效的农田管理手段。灌溉实践的变化必将引起土壤微生物环境的变化，进而引起农田土壤有机碳库和温室气体排放等诸多环境影响因素的变化。

4 灌溉水质和频率对土壤温室气体排放和胞外酶活性的影响

水资源短缺已经成为当今人类社会发展的主要制约因素之一。在我国，一些地区由于社会、经济长期粗放式发展，使得该问题显得尤为突出。我国华北平原水资源长期处于超量开采状态，大部分区域地表水利用率超过 60%，地下水利用率高达 80%，加之该区域水资源时空分布不均和使用过程浪费严重等问题，使得该区域部分地区成为严重的地下水漏斗区，水资源严重短缺（任鸿遵和李林，2000; 夏军，2002）。农业是水资源消耗的大户（Gössling et al., 2012），水资源短缺状况下，如何有效利用劣质水资源，缓解因水资源不足对农业生产带来的冲击，是当前农业领域急需研究和解决的难题之一（周志峰，2011）。

在某些干旱或淡水匮乏区域利用微咸水灌溉已经成为常用的农业生产管理方法之一。例如在美国西北地区，利用咸水灌溉的历史已经超过 100 年，在中东国家也有大量利用咸水进行灌溉的做法；在我国利用咸水灌溉也已经有大量的研究和实践，像河北沧州地区自 20 世纪 70 年代就开始利用微咸水（矿化度低于 5g/L）进行冬小麦灌溉，较旱地种植一般能够增产 10% ～ 30%，有时高达 50%（王卫光 等，2003）。目前，全球用于再生水灌溉的土地面积已达 2 000 万 hm^2，而且这一数字在未来的几年内会显著增长（Hamilton et al., 2007）。在我国，尤其是北方缺水地区，曾经广泛利用再生水进行灌溉（郭晓明 等，2012）。但再生水灌溉在解决了城市污水排放和农业生产用水来源的同时，也造成了污灌区土壤盐渍化、重金属超标和有机污染等问题，并可能危害到农产品的质量安全和居民的身体健康。再生水灌溉对农田和人、畜健康带来的诸多负面影响已经得到广泛证实（钟秀明和武雪萍，2007）。利用按照严格要求处理过的中水进行灌溉，以及作为非饮用水源使用应是今后发展的大趋势。

试验处理包括 3 种灌溉水质（地下水、再生水和微咸水）和两种灌溉频率（高频率和低频率），10 个采样时间点（0d、0.5d、1d、2d、4d、6d、7d、8d、10d 和 14d）和 3 次重复。在每个采样时间点进行温室气体样品采集后，同时对培养土壤进行破坏性取样测定土壤理化性质，第一次和最后一次破坏取样后加测土壤胞外酶活性。具体操作细节如下：称取 173.3g 新鲜土壤装入 500mL 透明玻璃瓶中，按照大田土壤容重（1.55g/cm^3）进行压实，总共装备 180 瓶。在进行正式培养之前，先在 25℃暗室对样品进行预培养 7d。培养期间瓶口加盖封口膜，保障能够进行气体交换，但同时能够阻断水汽蒸发。在进行正式培养期间，采集样品之前每个瓶中用注射器进行模拟灌溉，灌溉量为 10.5mL（此灌水量是按照预试验时需要设定的土壤水分含量结果而计算确定的），然后进行第一次采样。高频率灌溉处理在第 7 天进行第二次模拟灌溉，灌溉水量仍然为 10.5mL；低频率灌溉不再进行灌溉。培养试验在 25℃恒温室进行。试验用培养瓶如图 4.1 所示。

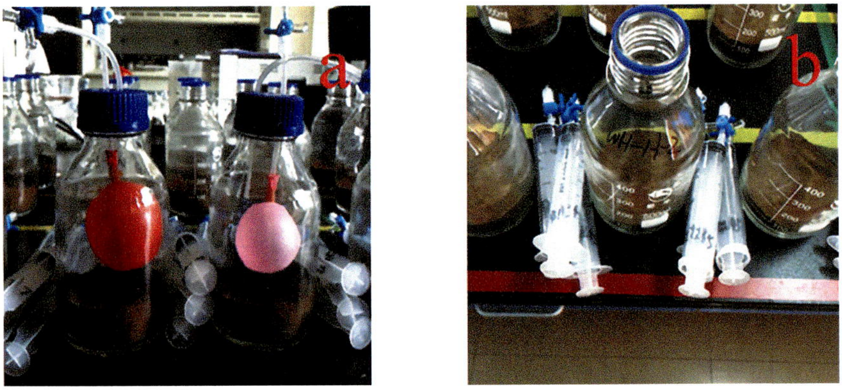

抽取温室气体时式样　　　　培养期间式样

图 4.1　培养试验用培养瓶

4.1.2　测定项目与方法

4.1.2.1　温室气体通量测定

温室气体采样时，将培养瓶加盖特制瓶盖。该瓶盖不仅能够密闭培养瓶，且能够保证瓶体内气压与外部环境一致，采样装置的具体式样如图 4.2 所示。在温室气体样品采集之前，瓶内压强与外部大气相同，故气球没有膨胀；在

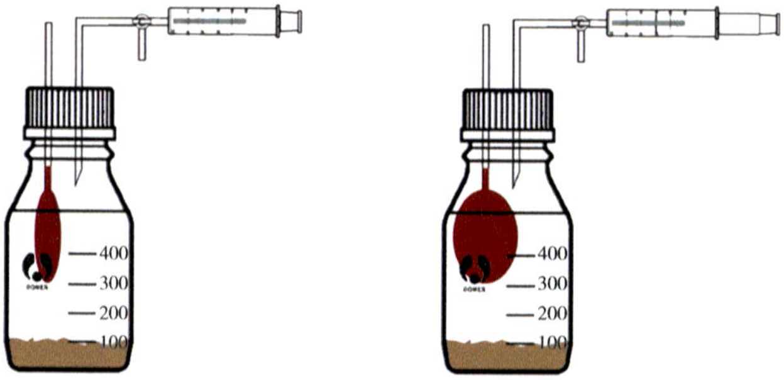

抽气之前状态　　　　抽气时状态

图 4.2　培养瓶示意图

抽气时，由于注射器抽取了瓶体内部分气体，使瓶体内压强低于外部大气气压，促使瓶体内部气球充气，这样可以保障土壤内产生的气体没有被外部压力抽提，从而减少因压强差扩大温室气体排放量的风险。抽气结束关闭上方三通阀，15min 后进行第二次抽气采样，以此类推，在 30min 时进行第三次采样。以备实验室分析温室气体浓度使用。温室气体的累积通量采用线性内插法计算，计算参见式（2–1）。农田净温室效应采用全球增温潜势来衡量，以 CO_2、CH_4 和 N_2O 这 3 种温室气体净交换量的 CO_2 当量的代数和计算。由于单位质量 CH_4 和 N_2O 在百年时间尺度全球增温潜势分别是 CO_2 的 25 倍和 298 倍（IPCC, 2007），净温室效应（kg CO_2/hm^2）可表示为：净温室效应 = CO_2 排放量 + CH_4 排放量 ×25+N_2O 排放量 ×298。

4.1.2.2　土壤胞外酶活性

土壤胞外酶活性测定方法参见第 3 章 3.1.2.1。

4.1.2.3　土壤理化性质

（1）土壤硝态氮和铵态氮采用流动分析仪（德国 BRAN LUEBBE AA3）测定。

（2）土壤 pH 值采用 PHS–1 型酸度计测定。

（3）土壤电导率采用电导法测定（DDB–303A 型便携式电导率仪，上海雷磁）。

（4）土壤含水量采用烘干法和 TDR（TDR–300, Spectrum Technologies, Inc., USA）法测定。

4.2 数据处理

采用 SPSS 18.0 对试验数据进行统计分析、相关分析。温室气体排放和土壤胞外酶活性的差异采用单因素方差分析，新复极差法进行多重比较（显著水平 $P<0.05$）；用 Pearson 相关分析法分析温室气体排放与土壤环境因素的相关性以及土壤胞外酶活性与土壤环境因素的相关性。

4.3 试验结果与分析

4.3.1 灌溉对土壤基础性质的影响

图 4.3 显示了培养试验期间不同灌溉水质和频率处理下土壤含水量的变化规律。可以看出，土壤含水量随着培养时间的推移显著下降（$P<0.01$）。不同灌溉水质对土壤含水量变化的影响达到显著水平（$P<0.05$）。相比地下水和再生水灌溉，微咸水灌溉能够显著降低培养期间的土壤含水量。不同灌溉频率对土壤含水量的影响极显著（$P<0.01$），但是灌溉水质和灌溉频率之间没有显著的交互作用（$P=0.642$）。在低频率灌溉处理下，3 种灌溉水质处理下土壤含水量均呈现随时间推移逐步下降的趋势，微咸水处理下土壤含水量下降幅度要高于淡水和再生水处理，但达不到统计显著的程度。高频次灌溉处理下，在第二次模拟灌溉之后 3 种水质处理土壤含水量均迅速上升，然后持续下降，微咸水处理土壤含水量下降幅度依然高于其他两种处理，但统计学上仍然不显著（$P=0.747$），淡水处理和再生水处理土壤含水量则没有显著区别。

图 4.4 显示的是培养试验期间不同灌溉处理的土壤 pH 值随时间的变化趋势。统计分析表明，土壤 pH 值在不同灌溉水质和频率处理下不存在随培养时间推移而显著变化（$P=0.063$）的趋势。其中 pH 值最高值出现在第 6 天的再生水低频率处理中，为 8.44；最小值出现在第 4 天的微咸水低频率处理中，为 7.93。灌溉频率处理对土壤 pH 值没有显著影响（$P=0.973$），且灌溉水质和灌溉频率的交互作用不显著（$P=0.817$），但是灌溉水质对土壤 pH 值影响显著（$P<0.01$）。相比淡水灌溉和再生水灌溉处理，微咸水灌溉能够显著降低土壤 pH 值，但是淡水灌溉和再生水灌溉处理之间差异不显著。在高频率处理条件下，不同灌溉水质对土壤 pH 值影响显著（$P=0.01$），微咸水灌溉处理条件下

土壤 pH 值显著低于淡水灌溉和再生水灌溉处理，但是淡水灌溉和再生水灌溉处理之间差异不显著。在低频率处理条件下，不同灌溉水质也对土壤 pH 值产生了极显著的影响（$P<0.01$），其规律与高频率处理条件下一致。土壤 pH 值由高到低排序为 SW_L > SW_H > UW_H > UW_L > BW_H > BW_L。

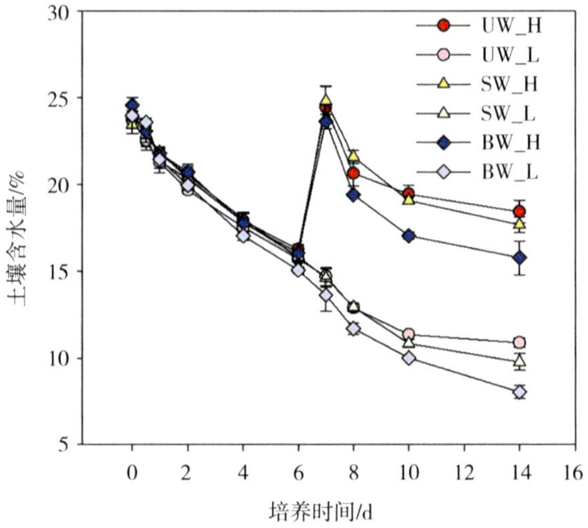

图 4.3　培养期间土壤含水量变化趋势

注：UW_H 代表地下水高频水量；UW_L 代表地下低频水量；SW_H 代表再生水高频水量；SW_L 代表再生水低频水量；BW_H 代表微咸水高频水量；BW_L 代表微咸水低频水量。下同。

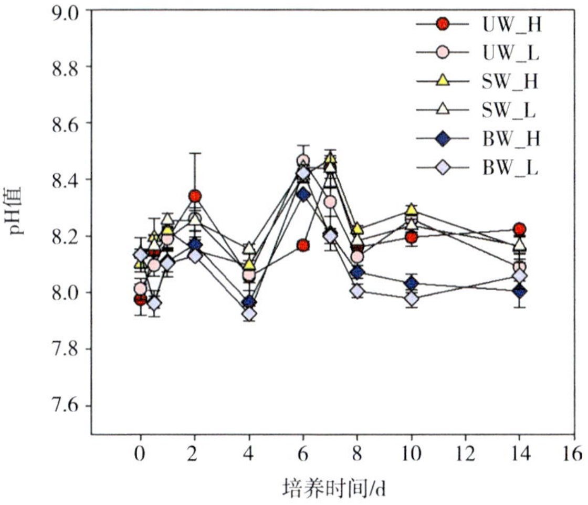

图 4.4　培养期间土壤 pH 值变化趋势

通过图 4.5 可以清楚地看出，微咸水灌溉能够显著改变土壤电导率。通过方差分析发现，不同处理条件下土壤电导率受到培养时间的极显著影响

（P=0.01）；灌溉频率对土壤电导率影响也达到显著水平（P=0.042）；相比低频率灌溉，高频率灌溉提高土壤电导率 3.51%。灌溉水质同样极显著影响了土壤电导率（P<0.01），相比淡水灌溉，微咸水灌溉能够增加土壤电导率 73.61%，而再生水灌溉却显著降低土壤电导率 6.55%；灌溉水质和灌溉频率对土壤电导率存在显著交互影响（P=0.041）。在高频率处理条件下，不同灌溉水质对土壤电导率影响极显著（P<0.01），相比淡水灌溉，微咸水显著提升了土壤电导率 78.83%，而再生水灌溉对其影响不显著。在低频率处理条件下，微咸水灌溉相对于淡水灌溉仍显著增加了土壤电导率（P<0.01），为 68.35%，但是再生水灌溉依然没有显著改变土壤电导率。不同处理条件下土壤电导率由高到低排序为 BW_H > BW_L > UW_H > UW_L > SW_H > SW_L。

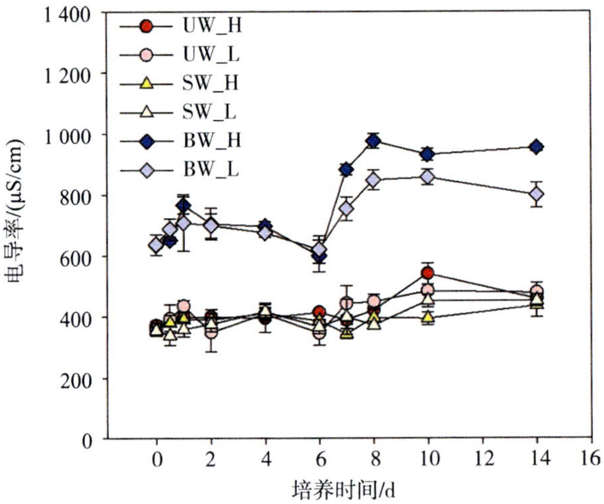

图 4.5　培养期间土壤电导率变化趋势

图 4.6 列出了培养期间不同灌溉水质和水量对土壤硝态氮（NO_3^-–N）和铵态氮（NH_4^+–N）含量的影响。统计分析显示，灌溉水质对土壤硝态氮含量没有显著影响（P=0.145），但是灌溉水量却对土壤硝态氮含量影响极显著（P=0.002），灌溉水质和灌溉水量的交互作用不显著（P=0.853）。在高水量处理条件下，3 种灌溉水质对土壤硝态氮含量影响不显著（P=0.743），在低水量处理条件下，3 种灌溉水质依然对硝态氮含量影响没有显著区别（P=0.788）。土壤铵态氮含量极显著受到灌溉水质的影响（P<0.01）。相比地下水灌溉处理，再生水灌溉和微咸水灌溉均显著增加了土壤铵态氮含量，但二者相比差异不显著。灌溉水量对土壤铵态氮含量影响不显著（P=0.111），其二者交互作用亦不显著（P=0.214）。在高水量处理条件下，地下水灌溉处理土壤铵态

氮含量为（1.27 ± 0.067）mg/kg，再生水灌溉处理土壤铵态氮含量为（1.49 ± 0.057）mg/kg，微咸水灌溉处理土壤铵态氮含量为（1.47 ± 0.092）mg/kg，但是统计分析表明灌溉水质对土壤铵态氮含量影响不显著（P=0.074），在低水处理条件下，地下水灌溉处理土壤铵态氮含量为（1.34±0.054）mg/kg，再生水灌溉处理土壤铵态氮含量为（1.46 ± 0.080）mg/kg，微咸水灌溉处理土壤铵态氮含量为（1.61±0.103）mg/kg，但灌溉水质依然对土壤铵态氮含量影响不显著（P=0.075）。按照含量大小排序为 BW_L > SW_H > BW_H > SW_L > UW_L > UW_H。

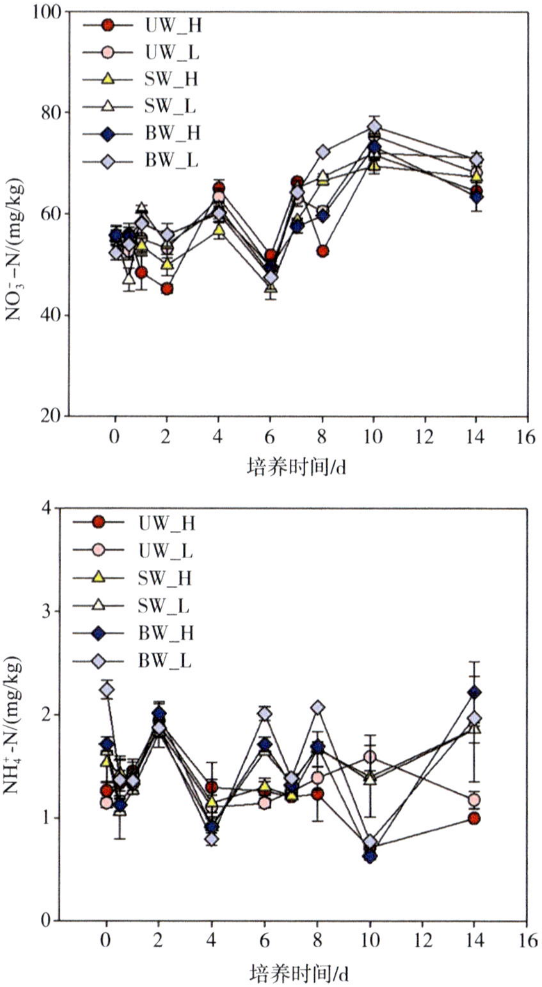

图 4.6　培养期间土壤硝态氮和铵态氮变化趋势

4.3.2 灌溉对土壤温室气体排放的影响

图 4.7 表示的是培养试验期间不同灌溉水质和频率处理下土壤 CO_2 排放状况。可以看出土壤 CO_2 排放速率随培养时间推移而呈规律性变化。在高频率处理条件下，CO_2 排放速率呈现双峰型，即培养初期和末期速率较小，而中期

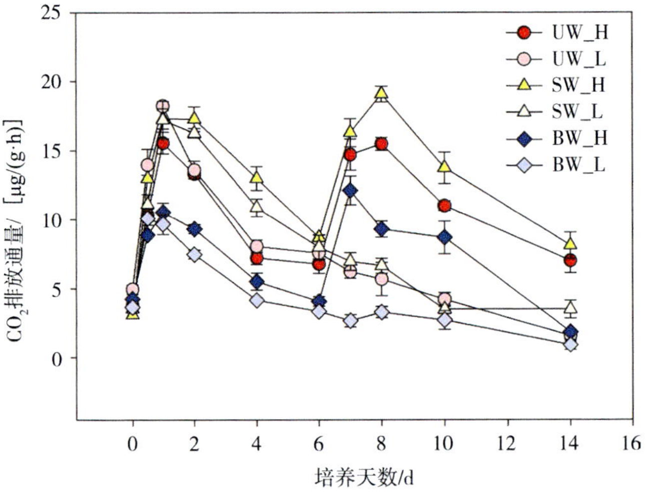

图 4.7 培养期间土壤二氧化碳排放通量

速率较大；在低频率处理条件下，CO_2 排放速率在模拟灌溉之后迅速上升，在培养第一天时达到最大值，分别为（15.55 ± 0.77）μg/（g · h）（UW_H 处理），（18.22 ± 0.32）μg/（g · h）（UW_L 处理），（17.31 ± 0.73）μg/（g · h）（SW_H 处理），（17.22 ± 1.34）μg/（g · h）（SW_L 处理），（10.54 ± 0.66）μg/（g · h）（BW_H 处理），（9.69 ± 0.76）μg/（g · h）（BW_L 处理），而后逐步下降到培养结束时的最小值。统计分析表明灌溉水质对土壤 CO_2 排放影响显著（$P<0.01$），相对于淡水灌溉，再生水灌溉处理增加了土壤 CO_2 排放速率，为 14.78%，而微咸水灌溉则显著降低了 CO_2 排放速率，达到 35.16%，并且微咸水灌溉处理与再生水灌溉处理下土壤 CO_2 排放速率差异也显著；灌溉频率同样对土壤 CO_2 排放速率影响显著（$P<0.01$），高频率灌溉土壤 CO_2 排放速率显著高于低频率灌溉处理。灌溉水质和频率对土壤 CO_2 排放速率影响的交互作用不显著（$P=0.081$）。在低频率处理条件下，灌溉水质也显著改变了土壤 CO_2 排放速率（$P<0.01$），淡水灌溉处理为（10.52 ± 0.77）μg/（g · h），相对于淡水灌溉，再生水灌溉处理显著促进土壤 CO_2 排放速率，达到 23.29%，而微咸水灌溉则显

著降低了土壤 CO_2 排放速率的 29.09%，并且再生水灌溉处理和微咸水灌溉处理条件下土壤 CO_2 排放速率差异显著。在低频率处理条件下，灌溉水质仍然对土壤 CO_2 排放速率影响显著（P=0.001），相比淡水灌溉，虽然再生水灌溉能够增加 CO_2 排放速率，但是微咸水灌溉却抑制了 42.81% 的 CO_2 排放速率。所有处理按照从大到小的排序为 SW_H > UW_H > SW_L > UW_L > BW_H > BW_L。

图 4.8 表示的是不同灌溉水质和频率下二氧化碳累积排放通量差异。研究发现灌溉水质和灌溉频率对土壤 CO_2 的累积排放通量存在显著影响。在高频率灌溉处理条件下，再生水灌溉累积排放温室气体最多，淡水灌溉排放次之，而微咸水灌溉处理条件下土壤累积 CO_2 排放最少；低频率灌溉处理条件下，规律一致。灌溉频率无论在什么水质条件下（地下水、再生水和微咸水），均能够显著影响培养期间土壤累积 CO_2 排放。通过表 4.3 可以看出，培养期间土壤 CO_2 排放速率与土壤含水量，pH 值以及 N_2O 排放速率存在显著正相关，而与土壤硝态氮含量存在显著负相关。

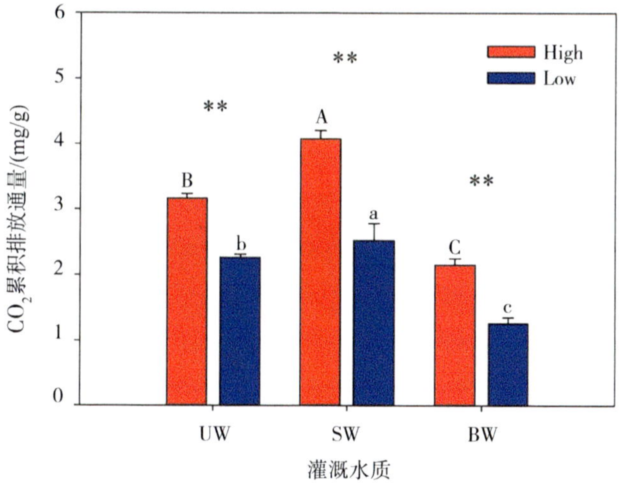

图 4.8　培养期间不同灌溉水质和水量下二氧化碳累积排放通量

注：UW 代表地下水处理，SW 代表再生水处理，BW 代表微咸水处理，High 代表高频水量处理，Low 代表低频水量处理。下同。

表 4.3　土壤温室气体排放与环境因子之间相关矩阵

	SM	pH 值	EC	NO_3^-	NH_4^+	CO_2	CH_4	N_2O
SM	1							
pH 值	0.22**	1						

（续表）

	SM	pH 值	EC	NO_3^-	NH_4^+	CO_2	CH_4	N_2O
EC	−0.014	0.394**	1					
NO_3^-	−0.372**	−0.221**	0.313**	1				
NH_4^+	−0.184*	0.109	0.018	−0.180*	1			
CO_2	0.763**	0.268**	−0.309	−0.283**	−0.095	1		
CH_4	−0.020	−0.009	0.028	−0.215**	0.244**	−0.108	1	
N_2O	0.501**	0.296**	−0.265**	−0.100	−0.022	0.654**	−0.066	1

注：SM 代表土壤含水量（%）；pH 值代表酸碱度；EC 代表电导率（μS/cm）；NO_3^- 代表硝态氮含量（mg/kg）；NH_4^+ 代表铵态氮含量（mg/kg）；CO_2 代表二氧化碳排放量［μg/（g・h）］；CH_4 代表甲烷排放量［ng/（g・h）］；N_2O 代表氧化亚氮排放量［ng/（g・h）］。* 代表相关性在 P<0.05 水平下显著，** 代表相关性在 P<0.01 水平下显著。

图 4.9 显示的是培养期间土壤甲烷（CH_4）排放通量变化规律。可以看出在整个培养期土壤 CH_4 通量都为负值（除第 7 天的 SW_H 处理外），并且期间没有明显的排放峰出现。统计分析表明，土壤 CH_4 吸收速率随着培养时间推进而显著变化（P<0.05），灌溉水质对土壤 CH_4 吸收速率影响显著（P<0.01），灌溉频率对其影响不显著（P=0.72），但是二者的交互作用显著（P=0.038）。在高频率灌溉处理条件下，灌溉水质显著影响土壤 CH_4 吸收速率，相比淡水灌溉，再生水灌溉降低了土壤 CH_4 吸收速率但不显著，而微咸水处理则能够显著减少 27.99% 的土壤 CH_4 吸收。在低频率灌溉处理条件下，灌溉水质对土壤 CH_4 排放速率没有显著影响（P=0.148）。通过表 4.4 可知，土壤 CH_4 吸收能力从强到弱为（1.28±0.13）［ng/（g・h）］（UW_H）>（1.09±0.11）［ng/（g・h）］（UW_L）>（1.05±0.11）［ng/（g・h）］（SW_L）>（0.91±0.12）［ng/（g・h）］（SW_H）>（0.83±0.10）［ng/（g・h）］（BW_H）>（0.82±0.09）［ng/（g・h）］（BW_L）。培养期间 CH_4 累积吸收通量在高频率灌溉处理条件下受到灌溉水质的影响，通过图 4.10 可以看出微咸水灌溉能够显著减弱土壤对 CH_4 的吸收能力，灌溉频率对土壤 CH_4 吸收能力的影响同样在微咸水处理条件下显著。通过表 4.3 可以看出土壤 CH_4 排放速率在整个培养试验期间仅与土壤硝态氮含量存在极显著负相关关系，而与土壤铵态氮含量存在极显著正相关关系，但与其他环境因子相关性不显著。

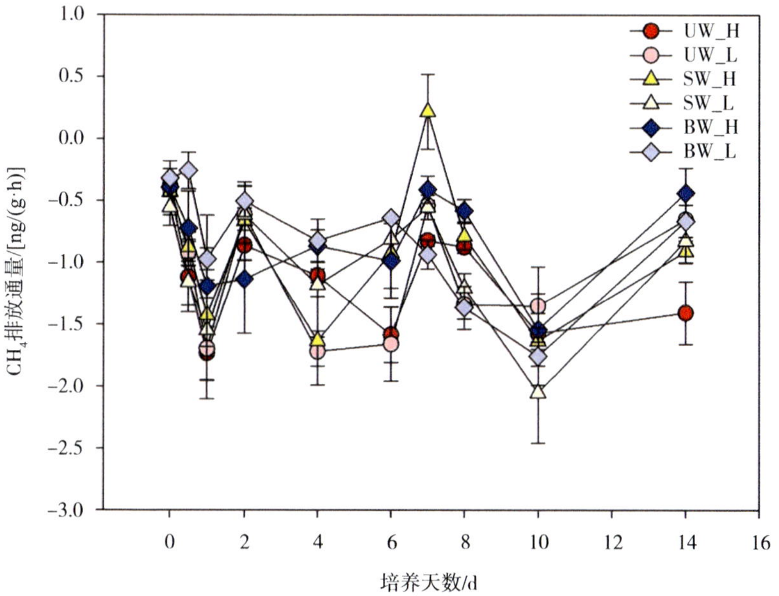

图 4.9　培养期间土壤甲烷（CH_4）排放通量

表 4.4　培养期间不同灌溉水质和水量下土壤平均温室气体排放通量

不同灌溉水处理	CO_2 排放 / [μg/(g·h)]	CH_4 排放 / [ng/(g·h)]	N_2O 排放 / [ng/(g·h)]
UW_H	10.52±0.76b	−1.28±0.13b	3.68±0.28ac
UW_L	8.41±0.93be	−1.09±0.11ab	2.28±0.24d
SW_H	12.97±0.90a	−0.91±0.12a	4.04±0.32a
SW_L	8.77±0.91bd	−1.05±0.11ab	3.16±0.24bc
BW_H	7.46±0.61cde	−0.83±0.10a	2.07±0.16d
BW_L	4.81±0.57f	−0.82±0.09a	1.86±0.15d
方差分析结果			
灌溉水质	P<0.01	P<0.01	P<0.01
灌溉水量	P<0.01	P=0.72	P<0.01
交互作用	P=0.087	P=0.038	P=0.066

注：不同小写字母代表处理之间的最小显著性差异（LSD，P<0.05）。

本研究模拟了未来 100 年的 3 种温室气体排放的全球增温潜势（GWP）。通过表 4.5 可以看出，将 CH_4 和 N_2O 换算成 CO_2 当量之后，其占比相对 CO_2 排放而言均较小，在不同处理（UW_H、UW_L、SW_H、SW_L、BW_H 和 BW_L）条件下，土壤 CO_2 排放占比依次为 90.57%、92.28%、91.48%、89.36%、91.10% 和 90.65%。不同处理对 GWP 影响显著，高频率灌溉处理 GWP 值均高于相同水质处理条件下低频率灌溉处理下的值。高频率灌溉条件下，再生水灌溉处理的 GWP 值最高；低频率灌溉处理条件下，微咸水灌溉处理的 GWP 值最低。

表 4.5　不同灌溉水质和水量处理下培养期间的全球增温潜势

不同灌溉水处理	CO_2	CH_4–eq	N_2O–eq	GWP[a]
UW_H	3.17±0.067b	–0.011 0±0.000 83c	0.33±0.002 3ac	3.50±0.068b
UW_L	2.27±0.043d	–0.008 7±0.000 86b	0.21±0.016 0b	2.46±0.047d
SW_H	4.08±0.121a	–0.009 8±0.000 41bc	0.39±0.004 8a	4.46±0.117a
SW_L	2.52±0.026c	–0.008 9±0.000 06b	0.31±0.025 0c	2.82±0.041c
BW_H	2.15±0.091d	–0.006 7±0.000 23a	0.21±0.023 0b	2.36±0.096d
BW_L	1.26±0.086e	–0.008 6±0.000 57b	0.13±0.035 0d	1.39±0.106e

注：a 代表参照 IPCC（2007）计算。

4.3.3　灌溉对土壤胞外酶活性的影响

图 4.13 描述了灌溉水质和灌溉频率对多种土壤胞外酶的影响状况。通过图 4.13a 可以看出高频率灌溉条件下，灌溉水质对 α – 葡萄糖苷酶活性影响显著。相比淡水灌溉，再生水灌溉处理显著降低了 α – 葡萄糖苷酶活性，而微咸水灌溉对 α – 葡萄糖苷酶活性的影响不显著。在低频率灌溉处理条件下，相对于淡水灌溉处理，再生水和微咸水有降低 α – 葡萄糖苷酶活性的趋势但统计学上不显著。灌溉频率对不同灌溉水质下的 α – 葡萄糖苷酶活性并没有显著影响。图 4.13b 表示的是不同灌溉处理条件下 β – 葡萄糖苷酶的活性，同样在高频率灌溉处理条件下，灌溉水质对 β – 葡萄糖苷酶活性影响显著，相对于淡水灌溉，微咸水灌溉显著降低了 β – 葡萄糖苷酶活性，而再生水灌溉处理条件下 β – 葡萄糖苷酶活性虽然有降低的趋势但统计学上不显著。在低频率灌溉处理条件下，灌溉水质对 β – 葡萄糖苷酶活性影响不显著。灌溉频率仅对淡水灌溉处理产生了显著影响，即高频率灌溉处理下 β – 葡萄糖

苷酶活性显著高于低频率处理。图 4.13c 表示的是不同灌溉处理条件下的 β – 纤维素酶活性，可以看出相对于淡水灌溉处理，再生水和微咸水灌溉均有提高 β – 纤维素酶活性的趋势。其中高频率灌溉处理条件下，微咸水处理达到了显著水平。微咸水灌溉的频率高低同样显著影响了 β – 纤维素酶活性。图 4.13d 表示的是不同灌溉处理条件下土壤磷酸酶活性差异，无论是高频率灌溉处理还是低频率灌溉处理，再生水灌溉条件下磷酸酶活性均显著高于其他两种灌溉水质处理，但是淡水灌溉和微咸水灌溉处理之间没有显著区别。灌溉频率对 3 种灌溉水质条件下的磷酸酶活性没有显著影响。图 4.13e 没有发现灌溉水质和灌溉频率在培养期间对 N– 乙酰基葡萄糖苷酶活性产生显著影响。图 4.13f 表述的是 β – 木糖酶活性对灌溉水质和灌溉频率的响应，相对于淡水灌溉处理，再生水灌溉有降低 β – 木糖酶活性的能力，而微咸水灌溉条件下更是达到了显著水平。灌溉频率对各种水质条件下的 β – 木糖酶活性没有显著影响。图 4.13g 可知多酚氧化酶活性受低频率灌溉条件下灌溉水质的影响，相比于淡水灌溉，微咸水灌溉能够显著降低多酚氧化酶活性，而再生水灌溉仅有降低多酚氧化酶活性的趋势。高频率灌溉处理条件下，灌溉水质对多酚氧化酶活性不存在显著影响，而相比淡水灌溉，再生水和微咸水处理仅有降低其活性的趋势，灌溉频率没有对不同灌溉水质条件下的多酚氧化酶活性产生显著影响。图 4.13h 可以清楚地看到灌溉水质和灌溉频率并没有对过氧化物酶活性产生显著的影响。

表 4.6 表示的是多种土壤胞外酶活性和土壤理化性质以及温室气体排放的相关关系。可以看出 α – 葡萄糖苷酶活性并没有与任何土壤理化性质和温室气体排放存在显著相关关系；而 β – 葡萄糖苷酶活性却与土壤含水量以及 CO_2 排放速率存在显著正相关关系，与土壤硝态氮含量和 CH_4 排放通量存在显著负相关关系。β – 纤维素酶活性仅与土壤电导率存在显著正相关关系。磷酸酶活性与土壤 CO_2 排放通量存在显著正相关关系。N– 乙酰基葡萄糖苷酶活性仅与 α – 葡萄糖苷酶活性存在显著负相关关系。β – 木糖酶活性与多种因素存在显著负相关关系（土壤电导率、土壤铵态氮含量和 β – 纤维素酶活性），而与土壤 CO_2 排放速率和 β – 葡萄糖苷酶活性存在显著正相关关系。多酚氧化酶活性与土壤电导率存在显著负相关关系，而与土壤 CO_2 排放速率，β – 木糖酶活性和 β – 葡萄糖苷酶活性存在显著正相关关系。过氧化物酶活性仅与土壤氨态氮含量存在显著正相关关系而和 α – 葡萄糖苷酶活性存在显著负相关关系。

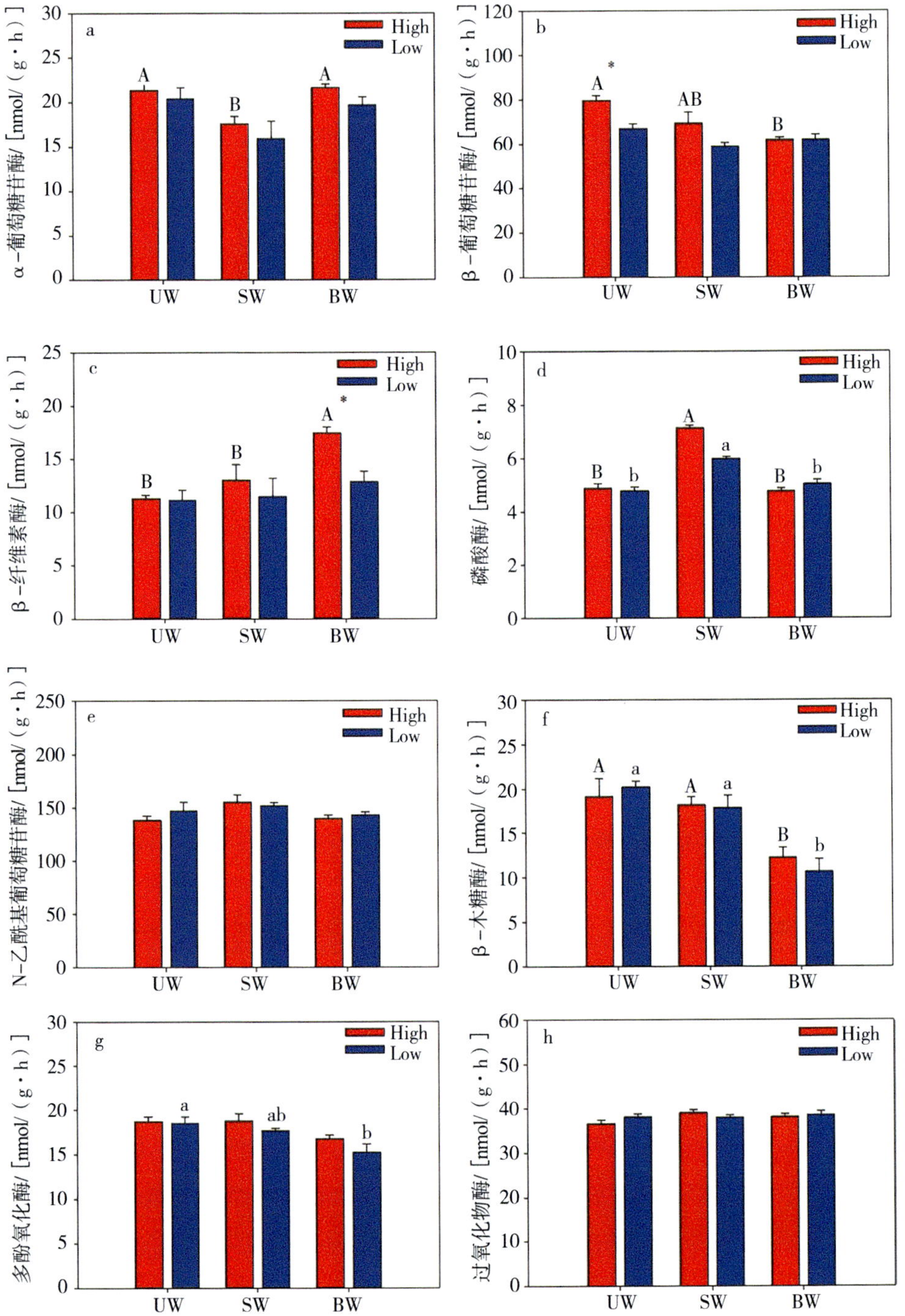

图 4.13　不同灌溉水质和水量对土壤胞外酶活性的影响

表 4.6 土壤胞外酶活性与环境因子之间相关矩阵

	SM	pH 值	EC	NO_3^-	NH_4^+	CO_2	CH_4	N_2O	AG	BG	CB	PHOS	NAG	XYL	Phenolxidases oxidases	Peroxidases
SM	1															
pH 值	0.266	1														
EC	−0.132	−0.641**	1													
NO_3^-	−0.572*	0.245	−0.243	1												
NH_4^+	−0.219	−0.293	0.519*	0.020	1											
CO_2	0.727**	0.657**	−0.614**	−0.096	−0.269	1										
CH_4	−0.385	−0.621**	0.514*	0.024	0.233	−0.552*	1									
N_2O	0.509*	0.297	−0.225	−0.282	0.068	0.529*	−0.205	1								
AG	0.221	−0.305	0.404	−0.315	−0.059	−0.166	0.002	−0.280	1							
BG	0.637**	0.298	−0.382	−0.491*	0.459	0.506*	−0.584*	0.136	0.269	1						
CB	0.220	−0.353	0.646**	−0.145	0.424	−0.153	0.283	0.170	0.135	−0.259	1					
PHOS	0.202	0.444	−0.438	0.404	0.135	0.614**	−0.083	0.299	−0.345	−0.208	−0.012	1				
NAG	−0.084	0.111	−0.312	−0.013	0.133	0.149	0.076	0.012	−0.488*	0.124	−0.277	0.176	1			
XYL	0.298	0.370	−0.804**	−0.101	−0.631**	0.503*	−0.344	0.283	−0.138	0.506*	−0.562*	0.190	0.370	1		
Phenol oxidases	0.484*	0.401	−0.645**	−0.121	−0.453	0.532*	−0.202	0.223	−0.054	0.588*	−0.242	0.239	0.324	0.717**	1	
Peroxidases	−0.202	−0.083	0.106	0.183	0.599**	−0.088	0.142	−0.104	−0.084*	−0.187	0.124	0.391	0.403	−0.278	−0.079	1

注：SM 代表土壤含水量（%）；pH 值代表酸碱度；EC 代表电导率（μS/cm）；NO_3^- 代表硝态氮含量（mg/kg）；NH_4^+ 代表铵态氮含量（mg/kg）；CO_2 代表二氧化碳排放量［μg/(g·h)］；CH_4 代表甲烷排放量［ng/(g·h)］；N_2O 代表氧化亚氮排放量［ng/(g·h)］；AG 代表 α－葡萄糖苷酶活性［nmol/(g·h)］；BG 代表 β－葡萄糖苷酶活性［nmol/(g·h)］；CB 代表 β－纤维素酶活性［nmol/(g·h)］；PHOS 代表磷酸酶活性［nmol/(g·h)］；NAG 代表 N－乙酰基葡萄糖苷酶活性［nmol/(g·h)］；XYL 代表 β－木糖酶活性［nmol/(g·h)］；Phenol oxidases 代表多酚氧化酶活性［nmol/(g·h)］；Peroxidases 代表过氧化物酶活性［nmol/(g·h)］；* 代表相关性在 $P<0.05$ 水平下显著；** 代表相关性在 $P<0.01$ 水平下显著。

4.4 讨论

4.4.1 灌溉水质和频率对土壤理化性质的影响

虽然灌溉活动对农田土壤含水量影响的研究比比皆是，但是不同灌溉水质对土壤含水量动态影响的研究鲜有报道（肖振华，1994）。本研究发现微咸水灌溉相比淡水灌溉能够显著降低土壤含水量，这可能是因为微咸水灌溉将大量盐分带入土壤，从而改变了土壤的团粒结构（史晓楠 等，2005; 张余良 等，2006），而土壤的持水性又恰恰和土壤黏粒状况息息相关（Yang and Yanful, 2002），从而导致土壤持水能力下降。此外，土壤水分状况还受到土壤盐分浓度的影响（王伟 等，2009; 张俊鹏 等，2014）。由此可以看出，微咸水灌溉可能是导致土壤持水能力变化的一个主要原因，其对土壤含水量动态的影响机制有待更为深入地研究。另外，研究还发现微咸水灌溉能够降低土壤 pH 值，这主要是因为土壤溶液阴阳离子种类和含量受到灌溉咸水的离子种类和含量的强烈影响，例如有研究表明微咸水灌溉显著地增加了土壤电导率，改变了土壤离子组成，从而影响了土壤 pH 值（杨军 等，2013）；另外还有研究表明石膏和微咸水灌溉联合能够显著改变土壤 pH 值（赵秀芳 等，2010）。土壤 pH 值受到诸多环境因素的影响，但其与土壤盐含量和种类以及灌溉水含盐状况的相关关系不容忽视。另外，研究还发现灌溉水质显著影响土壤电导率。微咸水因为含有大量盐，对土壤电导率影响显著，但是不同种类灌溉微咸水和不同灌溉频率对土壤电导率的影响程度也是不一样的，因此可以说微咸水灌溉和盐渍化有密不可分的关联，是今后进行微咸水灌溉评价时，重点关注和考量的指标之一。硝态氮的淋溶是氮素损失的主要途径之一，也是引起地下水污染和面源污染的主要原因（范丙全 等，1998）。研究结果表明灌溉频率对土壤硝态氮影响显著，较高灌溉频率能够降低土壤硝态氮含量，这与前人的研究是一致的（Maharjan et al., 2014）。这主要是由于高频率灌溉能够将更多的土壤硝态氮通过淋溶作用将其带入下层土壤；另外，土壤微生物以及关键土壤胞外酶活性受到土壤盐的影响而显著降低（Muscolo et al., 2011），从而抑制了土壤中铵态氮向硝态氮转化，并且高频率灌溉使土壤形成了厌氧环境促使反硝化作用增加也可能是硝态氮含量下降的一个原因。因此，面对当下农田氮素利用效率低和部分区域土壤盐渍化加重的现状，加强咸水灌溉和氮素耦合方面的研究尤为重要。

4.4.2 灌溉水质和频率对土壤温室气体排放的影响

本研究结果表明，微咸水灌溉相比淡水灌溉显著地降低了土壤 CO_2 排放。这主要是因为咸水灌溉能够将大量盐分离子引入到土壤中，这些阳离子或阴离子对土壤的物理化学性质存在较大影响，能够显著地改变土壤电导率等关键土壤指标，改变土壤溶液渗透压等从而影响土壤微生物活性，减弱其呼吸速率，从而降低土壤 CO_2 排放（Adviento–Borbe et al., 2006）。另外，本研究还发现咸水灌溉显著降低了土壤 N_2O 排放，研究结果与 Adviento–Borbe et al.,（2006）相似，这可能是因为咸水灌溉引入土壤的盐分显著抑制了土壤氨氧化细菌和古菌的活性，减弱了涉及氮循环关键酶的活性，从而使土壤 N_2O 排放显著降低。再生水中富含大量营养元素，利用再生水灌溉能够将再生水中的营养元素引入农田，使作物或者微生物加以利用。本研究发现再生水灌溉显著增加了土壤 CO_2 排放量，这可能是因为再生水中富含的营养元素促进了土壤微生物代谢（高大伟 等, 2014）。另外，研究发现再生水灌溉促进了土壤 N_2O 排放，这主要是因为再生水中含有大量有机或无机氮素，能够促进土壤硝化与反硝化微生物的活性，从而引起土壤 N_2O 排放增加。研究还发现，无论是再生水还是微咸水灌溉均未对土壤 CH_4 吸收产生显著性影响，其作用机理有待今后进一步研究。

4.4.3 灌溉水质和频率对土壤胞外酶活性的影响

本研究表明灌溉水质对土壤胞外酶活性存在显著影响。但是不同种类的土壤胞外酶对不同灌溉水质的响应是不同的，这主要是因为产生特定胞外酶对应的土壤微生物对灌溉水质的响应有所差异（Garcia and Hernandez, 1996）。普遍来看，虽然再生水灌溉有增加土壤胞外酶活性的潜力，但是微咸水灌溉却有减弱土壤胞外酶活性的趋势（Brzezinska et al., 2006）。另外，本研究还发现灌溉频率对部分土壤胞外酶活性的影响也达到显著水平。高频率灌溉有增加土壤胞外酶活性的趋势，但是有时也对某些土壤胞外酶活性没有产生显著性影响。

4.5 小结

土壤温室气体排放是陆地生态系统碳氮循环的重要组成部分，在维持全球碳氮收支中发挥着十分重要的作用。本试验首次运用室内模拟的方式，研究不同灌溉水质和灌溉频率对土壤温室气体排放和多种土壤胞外酶活性的影响。通过设置不同灌溉水质和灌溉频次处理，来量化灌溉水质变化后土壤温室气体排放的变化，探讨灌溉水质变化对土壤健康状况的影响状况。本试验总结如下。

微咸水灌溉能够显著降低土壤 CO_2 和 N_2O 排放，同时也抑制了土壤 CH_4 的吸收能力。相比淡水灌溉处理，咸水灌溉处理显著降低了 3 种温室气体的全球增温潜势。可以预见今后亦有可能找出既不显著降低农业生产要求，又能实现温室气体减排的咸水灌溉策略。本结果能够为微咸水资源的科学合理利用提供理论数据支持。

再生水灌溉能够显著增加土壤 CO_2 和 N_2O 排放速率，但是对 CH_4 吸收能力没有显著影响。今后关于再生水资源利用不仅要关注其对农作物品质的影响作用，而且也要关注其对土壤温室气体排放的影响。

本试验选取的土壤胞外酶多与纤维素降解和糖类分解以及关键矿质元素转化有关，就结果来看利用劣质水（微咸水和再生水）灌溉能够直接对土壤胞外酶活性产生显著影响，但是灌溉水质对不同种土壤胞外酶活性的影响存在较大的不确定性。就本研究培养试验而言，再生水灌溉有增加部分土壤胞外酶活性的能力，而微咸水灌溉则有减弱部分胞外酶活性的能力。因此，不同灌溉水质对土壤胞外酶活性的影响还需要进行长期大田监测，以验证本研究的短期培养试验结论。

5 咸水灌溉对土壤胞外酶活性和微生物群落结构的影响

水是人类社会赖以生存和发展的最为重要的自然资源之一。面对水资源严重短缺的事实，加之我国又是一个农业大国，灌溉用水占比相对较大的现状，合理利用地下咸水资源进行农田灌溉已经是部分地区缓解淡水资源短缺的重要途径之一。据报道，我国干旱、半干旱地区广泛分布着咸水资源，且绝大部分分布在地下 10 ~ 100m，适于开发利用（王久生 等 , 2012）。咸水灌溉一方面提供了作物生长所需要的水分，适度维持了大田作物产量；另一方面也将多种盐分带入土壤，影响土壤渗透性（张余良 等 , 2006），造成土壤盐渍化（Pereira et al., 2002），从而影响土壤的理化性质以及微生物活性（Jin et al., 2014）。

近年来很多研究学者针对咸水灌溉对棉花产量、土壤理化性质、温室气体排放以及土壤微生物生态影响的问题做了深入研究（张文 等 , 2015; 周广威 等 , 2015; Min et al., 2016; Zhou et al., 2016）。张文等（2014）研究发现，长期咸水灌溉会显著影响棉花产量，棉花产量随灌溉水盐度的增加而显著降低，而且土壤 N_2O 排放也呈现同样的趋势。闵伟等（2014）研究发现咸水灌溉显著影响土壤微生物数量和群落功能多样性，合理施用氮肥有助于保持土壤微生物活性和多样性。Min et al.（2016）发现，微咸水和咸水灌溉显著降低了氨氧化群落和硝化潜势的能力，氨氧化古菌在干旱荒漠地区丰度要高于氨氧化细菌。同时，张前前等（2015）研究发现微咸水灌溉明显抑制了北疆滴灌棉田土壤酶活性，造成土壤微生物量和 CO_2 通量的下降，土壤有机物降解能力降低，使绿洲农田土壤生物性状变差。吴忠东和王全九（2008）通过对咸水灌溉冬小麦研究发现，微咸水灌溉后土壤盐分积累程度与灌溉水矿化度呈正相关，微咸水灌溉会使土壤饱和浸提液钠吸附比升高，且影响深度因灌溉水矿化度而异，结合冬小麦产量和产量构成因素的分析可以看出，在湿润年份，利用的微咸水矿化度不宜超过 3g/L，而在偏旱年份不宜采用微咸水进行灌溉，或灌溉后应采取措施缓解盐分胁迫。而王国栋等（2009）对长期微咸

5.3 试验结果与分析

5.3.1 咸水灌溉对土壤理化性质的影响

图 5.1 描述的是长期咸水灌溉条件下土壤理化性质的变化情况。通过图 5.1a 可以看出，取样时试验田土壤水分含量在 13.76% ～ 15.16%。随着盐分含量的增加，咸水灌溉有增加土壤含水量的趋势，但是统计学上不显著。通过图 5.1b 可以看出，试验样地土壤 pH 值均大于 7，并且咸水灌溉含盐水平在 6g/L 时显著增加了土壤 pH 值，而其他盐分含量咸水灌溉相比淡水灌溉虽然能够增高土壤 pH 值，但是统计学上不显著。图 5.1c 显示土壤电导率在经过数年不同梯度咸水灌溉之后，变化明显（P<0.01）。其中较高盐分咸水灌溉处理相比淡水灌溉显著提高了土壤电导率，8g/L 处理增加 304.16%，10g/L 处理增加 375.64%，其同时也显著高于 2g/L、4g/L 和 6g/L 含盐水平处理。而 4g/L 和 6g/L 处理相对于淡水灌溉处理也能显著增加土壤电导率，但是较低盐度处理（2g/L）仅有增加土壤电导率的趋势但统计学上不显著。关于土壤硝态氮的变化规律展示在图 5.1d 上，高盐分（8g/L 和 10g/L）咸水灌溉处理显著增加了土壤硝态氮的含量。另外，咸水灌溉盐分梯度同样对土壤铵态氮含量产生了极显著性影响（P<0.01），10g/L 处理显著高于淡水灌溉处理，而其余咸水灌溉处理虽能增加土壤铵态氮含量但是统计学上不显著（图 5.1e）。咸水灌溉有降低土壤速效磷含量的能力（图 5.1f）。其中 6g/L 处理、8g/L 处理和 10g/L 处理显著降低了土壤速效磷的含量，而相比淡水灌溉处理，低浓度盐水灌溉（2g/L 和 4g/L 处理）仅有降低土壤速效磷的趋势，但统计学上不显著。对于土壤速效钾含量的测定显示，高盐分（8g/L 和 10g/L 处理）灌溉水能够显著促进土壤速效钾的保留，但是低浓度盐水灌溉（2g/L、4g/L 和 6g/L 处理）却对土壤速效钾含量影响不显著（图 5.1g）。另外，通过图 5.1h、图 5.1i 和图 5.1j，可以看出长期咸水灌溉并没有对土壤总氮含量，土壤有机碳含量和土壤有机质含量产生显著性影响（P>0.05）。

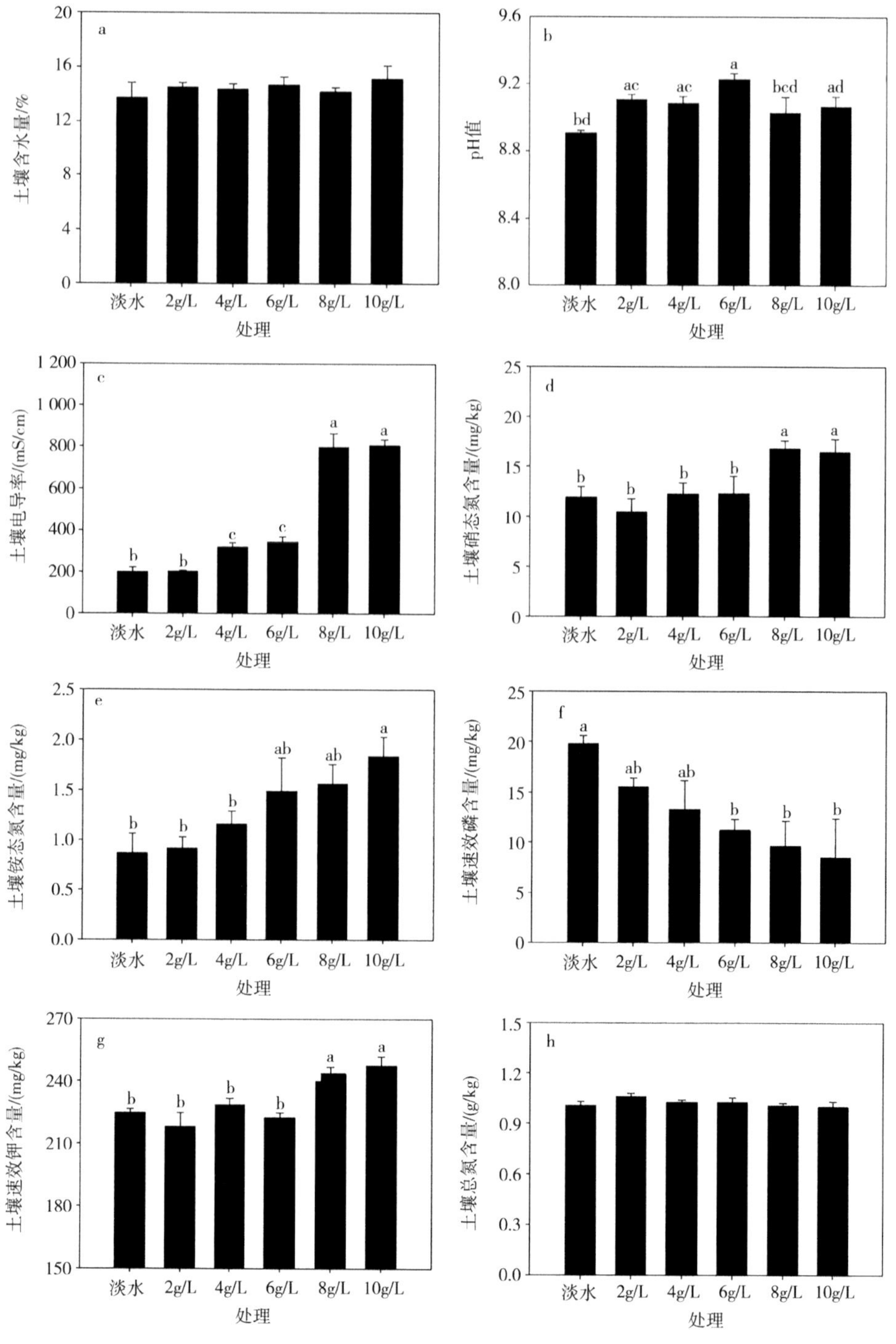
a
土壤含水量/%
b
pH值
bd
ac
ac
a
bcd
ad
c
土壤电导率/(mS/cm)
b
b
c
c
a
a
d
土壤硝态氮含量/(mg/kg)
b
b
b
b
a
a
e
土壤铵态氮含量/(mg/kg)
b
b
b
ab
ab
a
f
土壤速效磷含量/(mg/kg)
a
ab
ab
b
b
b
g
土壤速效钾含量/(mg/kg)
b
b
b
b
a
a
h
土壤总氮含量/(g/kg)
淡水
2g/L
4g/L
6g/L
8g/L
10g/L
处理

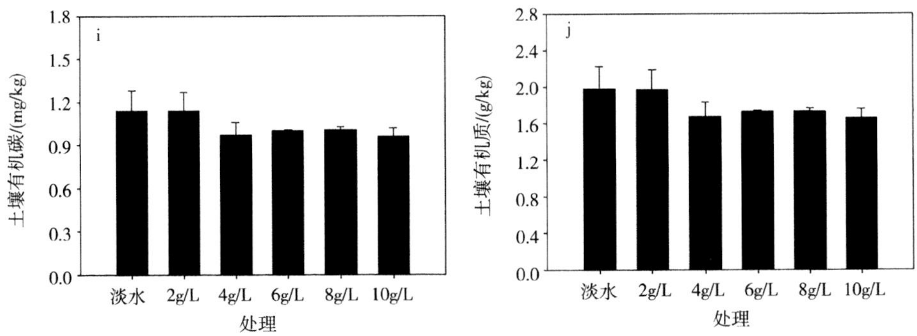

图 5.1 不同盐分梯度咸水灌溉对土样理化性质的影响

5.3.2 咸水灌溉对土壤胞外酶活性的影响

图 5.2 表示的是咸水灌溉对土壤 α－葡萄糖苷酶活性的影响。可以看出不同咸水盐分含量对土壤 α－葡萄糖苷酶活性的影响是不同的，其中 6g/L 和 10g/L 处理显著降低了土壤 α－葡萄糖苷酶活性，而 2g/L、4g/L 和 8g/L 与淡水灌溉相比均未显著改变土壤 α－葡萄糖苷酶活性。另外，咸水灌溉梯度处理之间也存在显著差异，即在 2g/L、4g/L 和 8g/L 处理下，土壤 α－葡萄糖苷酶活性同样显著高于 10g/L 处理。图 5.3 显示的是不同盐分含量咸水灌溉对土壤 β－葡萄糖苷酶活性的影响状况。不难看出不同矿化度的灌溉水没有对土壤 β－葡萄糖苷酶活性产生显著影响（$P>0.05$）。β－纤维素酶对咸水灌溉反应剧烈，β－纤维素酶活性随着灌溉水的矿化度升高而降低（图 5.4）。其中与淡水灌溉相比，6g/L、8g/L 和 10g/L 处理显著降低了土壤 β－纤维素酶活性，分别达到了 53.25%、56.50% 和 81.03%；而在 2g/L 和 4g/L 处理条件下，仅有降低的趋势但统计学上不显著。通过对咸水灌溉盐分梯度处理之间比较后发现土壤 β－纤维素酶活性在 2g/L 处理下显著高于 6g/L、8g/L 和 10g/L 处理，而 4g/L 处理仅显著高于 8g/L 和 10g/L 处理。咸水灌溉盐分梯度没有对土壤 N- 乙酰基葡萄糖苷酶活性产生显著影响，仅有随灌溉水盐分梯度升高酶活性有先升高后降低的趋势（图 5.5）。通过图 5.6 可以看出，随着咸水灌溉盐分梯度的升高，土壤磷酸酶的活性逐步减弱。相比淡水灌溉处理，5 种咸水灌溉梯度均能降低土壤磷酸酶的活性，并且不同盐分梯度之间土壤磷酸酶同样存在显著性差异，其中 2g/L 处理显著高于 6g/L、8g/L 和 10g/L 处理，4g/L 处理显著高于 8g/L 和 10g/L 处理，而 6g/L 处理仅显著高

于 10g/L 处理下的土壤磷酸酶活性，8g/L 处理和 10g/L 处理差异不显著。咸水灌溉对 β–木糖酶活性的影响与咸水灌溉对土壤磷酸酶和 β–纤维素酶的影响类似（图 5.7）。咸水梯度灌溉处理下土壤 β–木糖酶活性均低于淡水灌溉处理，但只有 8g/L 和 10g/L 处理条件下达到了显著水平。另外，土壤 β–木糖酶活性在咸水梯度灌溉处理之间同样存在显著差异，其中 2g/L 和 4g/L 处理下土壤 β–木糖酶活性显著高于 10g/L 处理。

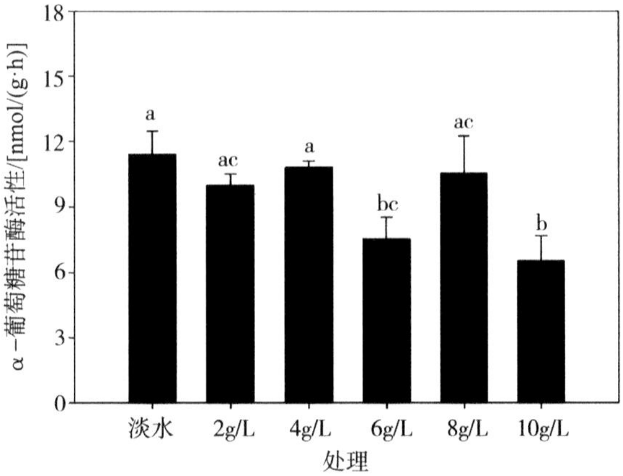

图 5.2　咸水灌溉对土壤 α–葡萄糖苷酶活性的影响

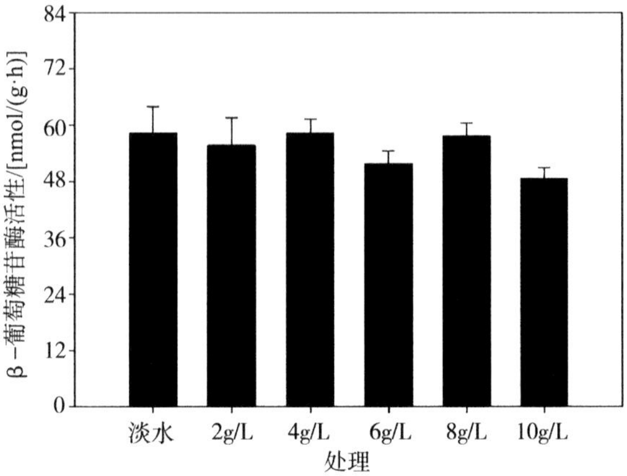

图 5.3　咸水灌溉对土壤 β–葡萄糖苷酶活性的影响

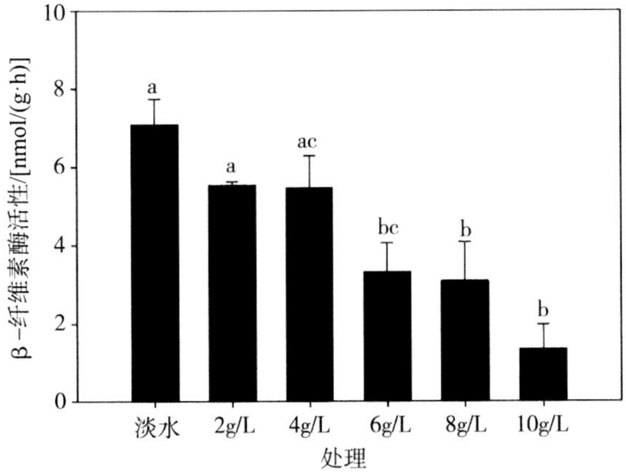

图 5.4　咸水灌溉对土壤 β－纤维素酶活性的影响

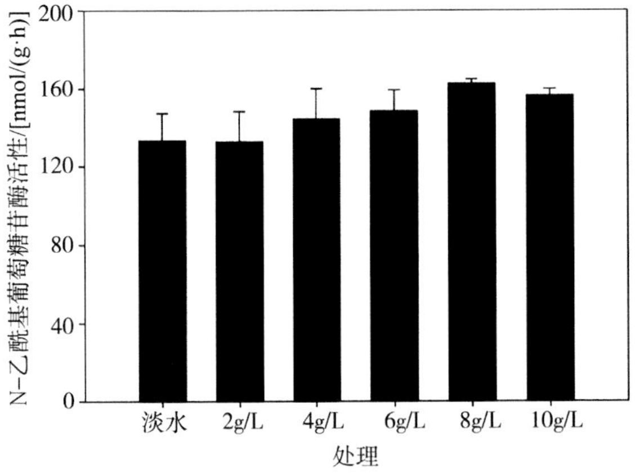

图 5.5　咸水灌溉对土壤 N－乙酰基葡萄糖苷酶活性的影响

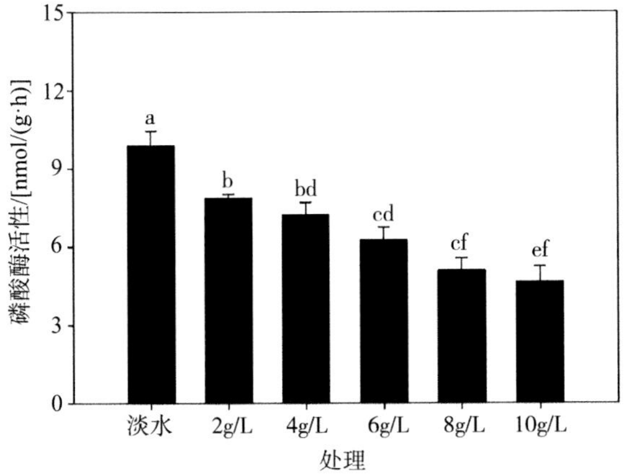

图 5.6　咸水灌溉对土壤磷酸酶活性的影响

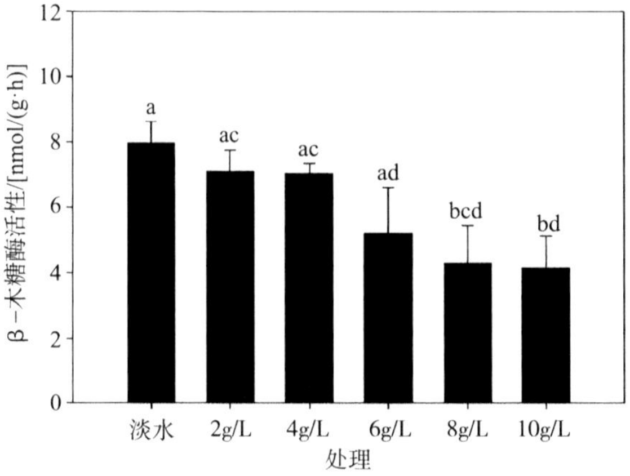

图 5.7　咸水灌溉对土壤 β－木糖酶活性的影响

从表 5.2 土壤胞外酶活性与土壤环境的相关关系中可以看出，土壤电导率与土壤硝态氮含量、速效磷、速效钾、β－纤维素酶活性、磷酸酶活性、N－乙酰基葡萄糖苷酶活性和 β－木糖酶活性均存在显著相关关系，其中与速效磷、β－纤维素酶活性、磷酸酶活性以及 β－木糖酶活性存在负相关关系，与其他 3 种指标存在显著正相关关系；土壤硝态氮含量与铵态氮含量存在显著正相关，与速效磷存在显著负相关关系，与速效钾存在显著正相关关系，另外还与土壤磷酸酶活性存在显著负相关关系；土壤铵态氮含量与速效磷含量、土壤有机碳、土壤有机质、β－纤维素酶活性、磷酸酶活性以及 β－木糖酶活性呈显著负相关关系，而与速效钾含量呈显著正相关关系；土壤总氮含量与土壤有机碳、土壤有机质和 β－葡萄糖苷酶活性均呈现正相关关系；土壤速效磷与土壤有机碳、土壤有机质、β－纤维素酶活性、磷酸酶活性以及 β－木糖酶活性均呈现显著相关关系，但是土壤速效钾仅与 β－纤维素酶活性、磷酸酶活性以及 β－木糖酶活性呈现显著负相关关系；土壤有机碳含量仅与土壤有机质存在极显著相关关系，而与其他指标相关关系不显著；土壤 α－葡萄糖苷酶活性与 β－葡萄糖苷酶活性、β－纤维素酶活性、磷酸酶活性以及 β－木糖酶活性均呈现显著正相关关系；土壤 β－葡萄糖苷酶活性仅与 N－乙酰基葡萄糖苷酶活性和 β－木糖酶存在显著正相关关系；土壤 β－纤维素酶活性与土壤磷酸酶活性和 β－木糖酶存在显著正相关关系，而与土壤 N－乙酰基葡萄糖苷酶活性存在显著负相关关系；土壤磷酸酶与 N－乙酰基葡萄糖苷酶活性存在显著负相关关系，但是与 β－木糖酶活性存在显著正相关关系。

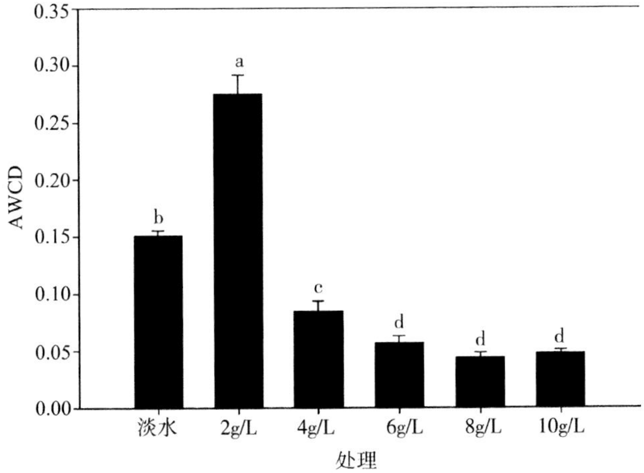

图 5.9　不同咸水灌溉处理下在培养期间的土壤微生物 AWCD 值

按照碳源底物化学基团的性质区别，可以将 Biolog Eco 板上的 31 种碳源划分糖类、氨基酸类、胺类、羧酸类、酯类以及醇类六大类。将不同盐分梯度咸水灌溉处理条件下的 6 种碳源分别进行 AWCD 计算和方差分析（图 5.10，表 5–4）发现，对于醇类来讲，低盐度咸水灌溉（2g/L 和 4g/L）能够显著促进微生物对醇类的利用，并且利用率随时间的推移而增大，到 120h 时处于稳定状态，其中 2g/L 处理下的 AWCD 值也显著高于 4g/L 处理。淡水灌溉处理下的醇类底物利用要显著低于较低盐度咸水灌溉（2g/L 和 4g/L）处理，但却显著高于较高盐度咸水灌溉（6g/L、8g/L 和 10g/L）处理，6g/L 处理又高于 10g/L 处理下的 AWCD 值（图 5.11）。对于酯类来讲，2g/L 处理条件下 AWCD 值最高，并且也具有随时间延续而增大的趋势，到 144h 后趋于稳定，其次是淡水灌溉下的 AWCD 值，其显著低于 2g/L 处理，但却显著高于其他盐分梯度处理（4g/L、6g/L、8g/L 和 10g/L）。对于糖类来讲，咸水灌溉随着盐分梯度的增加，有先促进后减弱微生物对糖类碳源利用能力的趋势。其中，相对于淡水灌溉处理，2g/L 处理能够显著促进土壤微生物对糖类碳源的利用，而其余盐分梯度咸水灌溉均显著减弱了土壤微生物对糖类碳源的利用能力。对于羧酸类来讲，2g/L 处理下的微生物 AWCD 值依然最高，且随时间的推移而增大，到达 72h 时保持稳定。通过统计发现，除 2g/L 的微生物 AWCD 最高外，淡水处理下土壤微生物 AWCD 依然高于 4g/L 处理和较高盐分咸水灌溉处理（6g/L、8g/L 和 10g/L），并且 4g/L 处理下的 AWCD 值也高于较高盐分咸水灌溉处理。对于氨基酸类来讲，淡水灌溉和 2g/L 咸水灌溉处理下土壤微生物 AWCD 值最高且差异不显著，在其余咸水灌溉处理条件下 AWCD 值显著低于二者，并且 6g/L 处理下土壤微生物 AWCD 值最低。对于胺类来讲，2g/L 和 6g/L 处理下土壤微生物 AWCD 值显著高于其他处理条件下的 AWCD 值，并且 2g/L 处理显著高于 6g/L 处理下的土壤微生物 AWCD 值，其余处理 AWCD 值均较小，仅有淡水处理下的 AWCD 值超过了 0.05。不同盐分梯度咸水灌溉条件下，土壤微生物对 6 种碳源的利用能力由强到弱为醇类 > 氨基酸类 > 羧酸类 > 糖类 > 胺类 > 酯类。

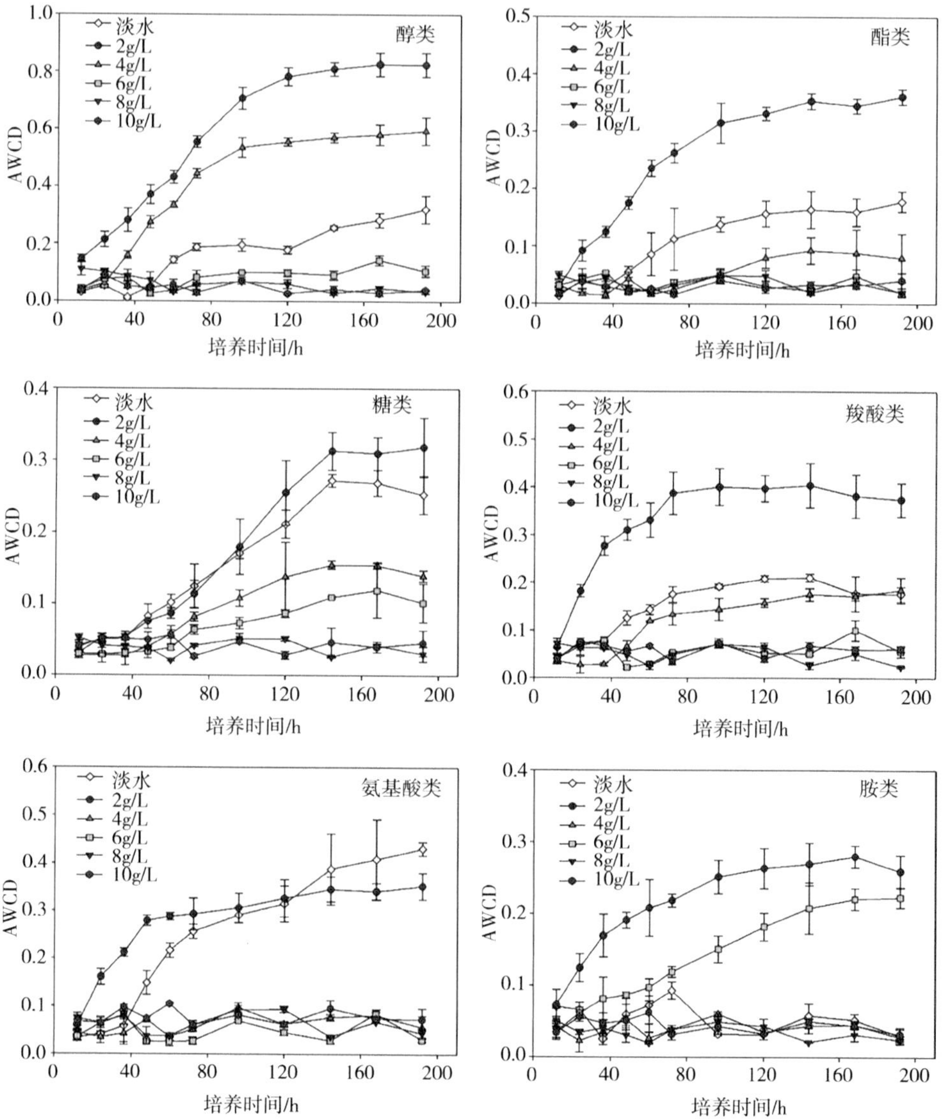

图 5.10　咸水灌溉土壤微生物对不同碳源的利用能力

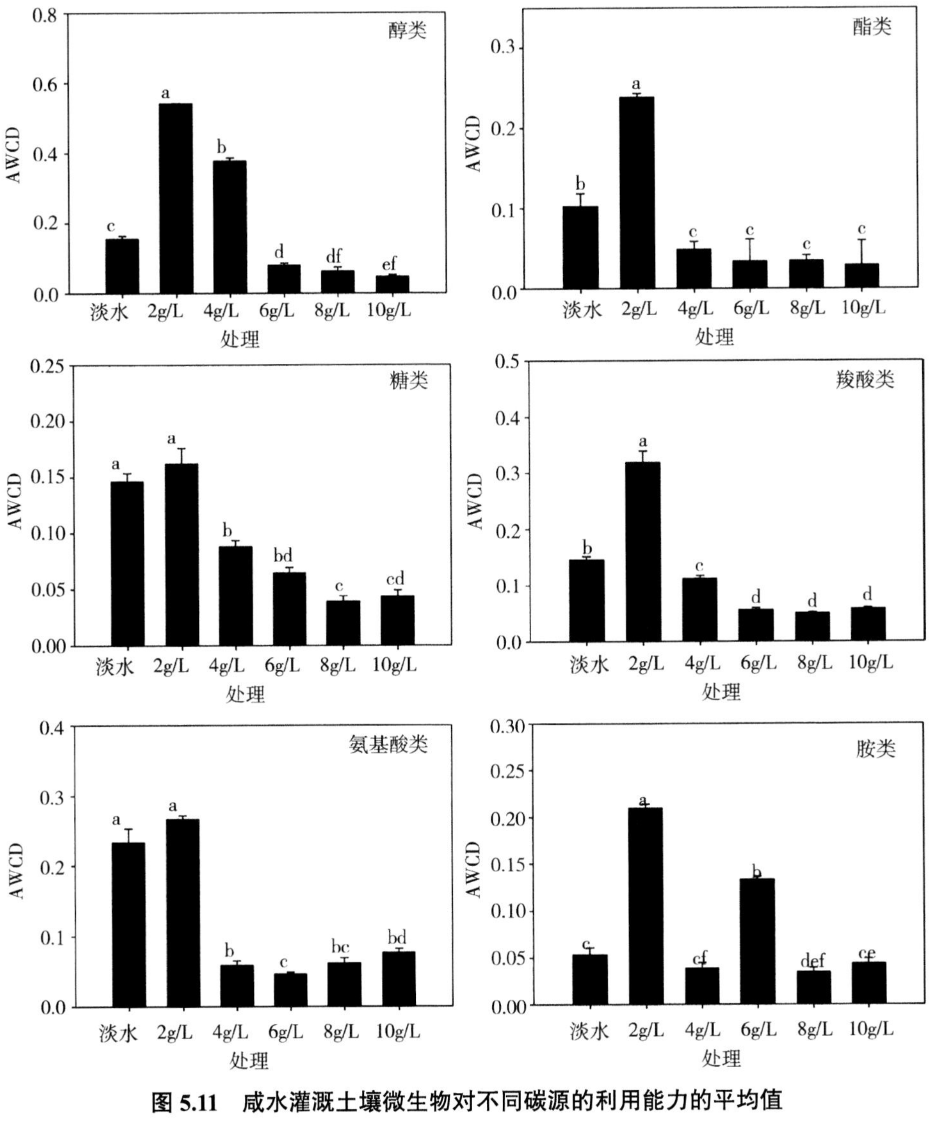

图 5.11　咸水灌溉土壤微生物对不同碳源的利用能力的平均值

表 5.4　不同咸水灌溉处理下各种碳源组 AWCD 值的方差分析

变量	方差来源	偏差平均和	自由度	均方差	*F*	显著性水平
咸水灌溉处理醇类	组间	0.615	5	0.123	775.144	*P*<0.01**
	组内	0.002	12	<0.001		
	总和	0.617	17			

（续表）

变量	方差来源	偏差平均和	自由度	均方差	F	显著性水平
咸水灌溉处理酯类	组间	0.100	5	0.020	92.525	$P<0.01$**
	组内	0.003	12	<0.001		
	总和	0.103	17			
咸水灌溉处理糖类	组间	0.041	5	0.008	47.087	$P<0.01$**
	组内	0.002	12	<0.001		
	总和	0.125	17			
咸水灌溉处理羧酸类	组间	0.159	5	0.032	134.455	$P<0.01$**
	组内	0.003	12	<0.001		
	总和	0.162	17			
咸水灌溉处理氨基酸类	组间	0.146	5	0.029	106.391	$P<0.01$**
	组内	0.003	12	<0.001		
	总和	0.150	17			
咸水灌溉处理胺类	组间	0.076	5	0.015	177.841	$P<0.01$**
	组内	0.001	12	<0.001		
	总和	0.077	17			

根据 Biolog Eco 培养板所有微孔光密度数据，利用表 3.3 给定的计算公式对不同盐分梯度咸水灌溉条件下的土壤微生物多样性进行计算，结果见表 5.5。从表 5.5 可以看出，在咸水灌溉处理后 4 种土壤微生物多样性指数均存在显著差异。Shannon-Wiener 指数（H'）在高盐分咸水灌溉（8g/L）处理下显著高于其他低盐分咸水灌溉（2g/L 和 4g/L）处理和淡水灌溉处理，其总体上从淡水处理到咸水灌溉梯度处理呈现先降低再增高而又降低的趋势。Mcintosh 指数（U）在 2g/L 咸水灌溉处理下显著高于其他灌溉处理，其次是咸水灌溉（4g/L）处理高于高盐分咸水灌溉（6g/L、8g/L 和 10g/L）处理，总体上从淡水灌溉处理到盐分梯度灌溉处理呈现先增高后下降的趋势。对于 Simpson 指数（D）最大值出现在 8g/L 处理，其次是 10g/L 处理，淡水灌溉与各个咸水灌溉处理均无显著性差异，但是盐分梯度之间的 D 值存在显著差异。从淡水灌溉到盐分梯度灌溉来看，呈现先下降后增高而后又下降的趋势。

对于土壤微生物丰富度的计算发现，2g/L 处理下丰富度最高，其次是淡水灌溉处理，随着灌溉水的盐分梯度上升丰富度指数急剧下降。

表 5.5　不同咸水灌溉模式下微生物群落多样性指数

咸水灌溉盐度	Shannon–Wiener 指数（H'）	Mcintosh 指数（U）	Simpson 指数（D）	丰富度指数
淡水	2.45±0.036bcd	1.78±0.30b	0.85±0.006 6ad	2.64±0.84b
2g/L	2.21±0.043b	3.45±0.52a	0.83±0.024bcd	5.27±1.05a
4g/L	2.34±0.37bd	1.32±0.45bd	0.77±0.082bd	0.97±0.30c
6g/L	2.79±0.16ad	0.62±0.22cd	0.89±0.022ac	0.55±0.34c
8g/L	3.08±0.11a	0.31±0.034c	0.95±0.007 1a	0.00±0.00c
10g/L	2.97±0.045ac	0.38±0.029cd	0.94±0.002 7ac	0.091±0.052c

注：同列不同字母表示在 P<0.05 水平上差异显著，n=3。

为研究不同盐分梯度咸水灌溉对土壤微生物群落碳源利用多样性影响的特点，选择 96h 作为取样分析点，对 590nm 下读板数据运用 SPSS 18.0 软件进行主成分分析。分别提取两个主成分，第一主成分（PC1）和第二主成分（PC2）。样方间距离的长短表征着处理之间的相似程度，距离越接近表示相似度越高。图 5.12 即是不同盐分梯度咸水灌溉处理条件下土壤微生物群落多样性 PCA 分析结果。可以看出，2g/L 处理分布在第一象限，与 4g/L、6g/L、8g/L 和 10g/L 处理分布在第四象限的土壤微生物群落多样性存在显著区别，并且淡水处理分布在第三象限，也和 2g/L 处理之间存在明显差异。结果说明较高盐分梯度灌溉与较低盐分灌溉处理均能够显著改变土壤微生物群落结构，但是二者之间也存在显著性差异。

由于两个主要成分是变异的主要来源，所以从 31 种碳源在两个主成分上的载荷值（表 5.6）可以看出，除吐温 80、α–D– 乳糖、甲基 –D– 葡萄糖苷、1– 磷酸葡萄糖、α – 环式糊精、2– 羟基苯甲酸、4– 羟基苯甲酸、衣康酸、D– 苹果酸、L– 精氨酸、L– 丝氨酸、L– 苏氨酸、N– 乙酰 –D– 葡萄糖胺外，其余 18 种碳源均集中在第一主成分上。

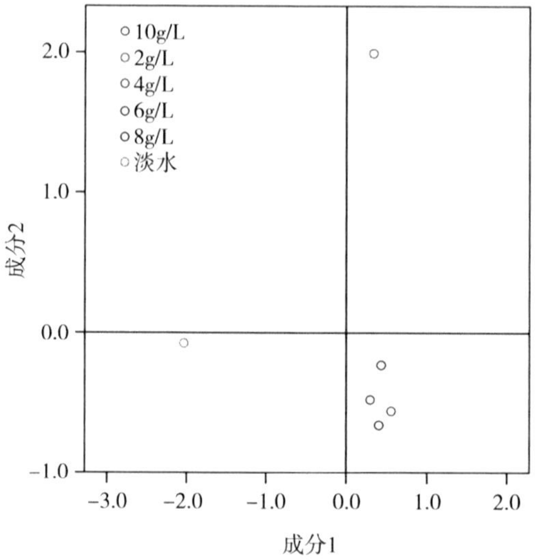

图 5.12　不同盐分梯度咸水灌溉下土壤微生物群落多样性 PCA 分析

表 5.6　Biolog Eco 板 31 种碳源在第 1、2 主成分上的载荷值

碳源化学类别	底物	分子式	第 1 主成分（PC1）	第 2 主成分（PC2）
醇类	i- 赤藓糖醇	$C_4H_{10}O_4$	0.941	−0.315
	D- 甘露醇	$C_6H_{14}O_6$	0.567	−0.042
	D, L-α- 磷酸甘油	$C_3H_9O_6P$	−0.472	−0.175
酯类	吐温 40	—	0.986	−0.099
	吐温 80	—	−0.258	0.823
	丙酮酸甲酯	$C_4H_6O_3$	0.808	0.583
	D- 半乳糖酸内脂	$C_6H_{10}O_6$	−0.622	−0.412
糖类	D- 纤维二糖	$C_{12}H_{12}O_{11}$	0.970	−0.226
	α-D- 乳糖	$C_{12}H_{12}O_{11}$	0.171	0.796
	甲基 -D- 葡萄糖苷	$C_7H_{14}O_6$	0.378	0.918
	D- 木糖	$C_5H_{10}O_5$	−0.744	−0.664
	1- 磷酸葡萄糖	$C_6H_{13}O_9P$	0.238	−0.861
	α- 环式糊精	$C_{36}H_{60}O_{30}$	−0.137	−0.152
	肝糖	$(C_6H_{10}O_5)n$	0.532	0.526

（续表）

碳源化学类别	底物	分子式	第 1 主成分（PC1）	第 2 主成分（PC2）
羧酸类	D- 葡萄糖胺酸	$C_6H_{13}NO_6$	0.940	0.321
	D- 半乳糖醛酸	$C_6H_{10}O_7$	0.960	−0.248
	2- 羟基苯甲酸	$C_7H_6O_3$	−0.677	−0.719
	4- 羟基苯甲酸	$C_7H_6O_3$	0.004	−0.601
	γ – 羟基丁酸	$C_4H_8O_3$	0.924	−0.341
	衣康酸	$C_5H_6O_4$	−0.156	−0.872
	α – 丁酮酸	$C_4H_6O_3$	−0.773	−0.439
	D- 苹果酸	$C_4H_6O_5$	−0.013	0.998
氨基酸	L- 精氨酸	$C_4H_{14}N_4O_2$	−0.047	0.993
	L- 天门冬酰胺	$C_4H_8N_2O_3$	0.990	0.064
	L- 苯丙氨酸	$C_9H_{11}NO_2$	−0.431	−0.124
	L- 丝氨酸	$C_3H_7NO_3$	0.023	0.998
	L- 苏氨酸	$C_4H_9NO_3$	−0.183	0.909
	甘氨酰 -L- 谷氨酸	$C_7H_{12}N_2O_5$	0.728	0.643
胺 / 氨基化合物	苯乙胺	$C_8H_{11}N$	−0.924	0.080
	N- 乙酰 -D- 葡萄糖胺	$C_8H_{15}NO_6$	0.331	−0.429
	腐胺	$C_4H_{12}N_2$	0.968	−0.231

5.4 讨论

5.4.1 咸水灌溉对土壤胞外酶活性的影响

土壤胞外酶活性与农田碳、氮等养分元素周转密切相关（王冰冰，2014）。土壤盐渍化是影响土壤胞外酶活性的主要因素之一。本研究结果表明，多种土壤胞外酶活性随着咸水灌溉盐分梯度的增加而减弱，这与前人的研究结果是一致的（Amirjani, 2010），例如张前前等（2015）研究发现微咸水滴灌使参与碳素转化的主要酶（蔗糖酶、β – 葡萄糖苷酶、纤维素酶）活性降低，分别比淡水处理的酶活性降低了 31.7% ～ 32.4%、29.7% ～ 31.6%、20.8% ～ 24.3%。Min et al.（2016）发现咸水灌溉能够显著降低硝酸还原酶活性、亚硝酸还原酶活性以及羟胺还原酶活性。郭永昌（2012）发现多酚氧化酶活性在微咸水灌溉后明显减小，较淡水处理减少 45.2%。这可能是因为咸水灌溉将大量盐分引入土壤，抑制了土壤微生物活性，减少了微生物数量，从而致使活体微生物分泌酶的数量减少。另外，本研究发现咸水灌溉对个别土壤胞外酶活性有促进作用。Wei et al.（2016）研究发现微咸水和咸水灌溉处理下土壤脲酶活性显著高于淡水处理，这主要是因外微咸水和咸水灌溉显著改变了土壤理化性质从而导致脲酶活性增加，张前前等（2015）发现多酚氧化酶活性随灌溉水矿化度而升高，与膜下淡水灌溉处理相比，微咸水、咸水处理膜下多酚氧化酶分别提高 2.4% 和 20.5%。本研究还发现某些土壤胞外酶活性即使在盐分含量较高的土壤中仍然具有较高活性，这可能是因为在极端盐分环境下虽然部分土壤微生物活性减弱，但是仍有大量耐盐性微生物存在，释放大量胞外酶，例如 Zahran（1997）曾经指出耐盐型细菌所产生的土壤酶活性要高于不耐盐型细菌所产生的相应土壤酶活性。通过土壤胞外酶活性与土壤其他理化性质的相关分析发现，咸水灌溉导致土壤理化性质改变也可能是土壤胞外酶活性变化的原因之一。几种土壤酶活性与土壤电导率、无机氮含量以及速效磷、速效钾和总氮含量均呈现显著相关关系，表明土壤酶活性也可以作为土壤肥力与健康状况的评价指标。虽然咸水灌溉对多种土壤胞外酶都有抑制作用，但是抑制程度随胞外酶种类的变化有所区别。咸水灌溉盐分梯度对土壤 β – 纤维素酶活性、磷酸酶活性以及 β – 木糖酶活性的抑制性较强，而对 α – 葡萄糖苷酶活性和 β – 葡萄糖苷酶活性的抑制作用相对较弱。这可能是因为产生不同种酶所对应微生物种类不同，而这些微生物对盐分的耐受性也不同。另外，研究还发现土壤 β – 葡萄糖苷酶活性和 N– 乙酰基葡萄糖苷酶活性受灌溉水盐分梯度影响变化不显著。这可能是因为产生该酶的微生物较多，且对土壤盐分升高的适应性较强。

总之，咸水灌溉导致了土壤微生物细胞生理和代谢过程发生变化（Sardinha et al., 2003）、抑制了微生物活性（Yan and Marschner, 2013）、减少了微生物数量（Tripathi et al., 2006）以及改变了土壤理化性质（时唯伟 等，2009），从而引起土壤胞外酶活性的变化，其中有些酶对盐害反应不敏感，但是土壤 α – 葡萄糖苷酶、β – 纤维素酶、磷酸酶和 β – 木糖酶对盐害反应却相对敏感，亦可作为评价咸水灌溉对土壤质量影响的指标。

5.4.2 咸水灌溉对土壤微生物群落结构的影响

较低水平盐分梯度咸水灌溉对微生物活性有促进作用，而较高水平的盐分梯度则显著抑制土壤微生物的活性（郑丽萍 等，2013）。本研究结果发现，土壤微生物 AWCD 值在较低盐分梯度水平下较高，而随着灌溉水盐分含量的增加而下降，与前人结论一致。这主要是因为较低盐度咸水灌溉能够促进土壤微生物产生应激作用，刺激微生物数量的增加和活性的加强。另外，研究发现土壤微生物对碳源优先利用的种类和利用程度有明显差异。酯类代谢的平均 AWCD 值显示，在不同盐分梯度咸水灌溉土壤中均属于较弱代谢底物，这可能是咸水灌溉导致土壤微生物多样性以及活性下降，并且酯类化合物分子结构复杂也是微生物难以利用该种碳源的主要原因（卢鑫萍 等，2012）。

5.5 小结

土壤胞外酶活性是表征土壤健康状况的重要指标之一，在评价土壤健康状况以及探讨农田关键养分元素循环（C、N、P 等）时显得尤为重要。本章通过探究长期咸水灌溉对农田土壤胞外酶活性和微生物群落多样性的影响，以期能够为今后合理利用咸水资源以及咸水灌溉评价提供数据支持。本试验总结如下。

不同盐分梯度咸水灌溉对土壤理化性质均有不同程度改变。其中土壤电导率、土壤无机氮含量、土壤速效磷含量等指标达到了显著水平。亦有可能作为今后咸水灌溉评价的重要土壤理化性质参考指标。

不同盐分梯度咸水灌溉显著改变了土壤胞外酶活性。土壤盐分含量状况对土壤胞外酶活性有促进或抑制作用，这样使得今后评价咸水灌溉对土壤健康状况的影响更加复杂。因此，今后要展开更为深入的单一土壤胞外酶活性对咸水灌溉的响应变化规律研究。

不同咸水灌溉盐分梯度对土壤微生物群落多样性影响不同。随着盐分梯度的增加，土壤微生物群落多样性呈现先上升后降低的趋势。也就是说较低浓度盐水灌溉可能会产生应激作用，促进土壤微生物生长和土壤营养元素转化，而较高浓度盐分咸水灌溉则会抑制土壤微生物生长和养分元素转化。而且通过与前人研究结果对比发现，这种抑制或促进作用存在较大的地域差异性，制定适合不同区域的咸水灌溉对策，找出区域差异存在的原因是今后工作努力的方向。

评价微生物多样性的手段有很多，今后要采用不同的检测手段评价土壤微生物多样性以确保数据的可靠性。

6 主要结论、创新点及不足之处

6.1 主要结论

华北平原灌溉方式变革会对冬小麦农田温室气体排放产生显著的影响。相比传统的地表畦灌灌溉模式，地表滴灌不仅能够保障粮食产量，提高水分利用效率，节约水资源，而且还能显著减少土壤 N_2O 排放 14.6%，增加土壤 CH_4 吸收 22.9%，因此可以认为地表滴灌是一种既能够应对水资源短缺，又能减缓温室气体排放的高效、环境友好型节水灌溉措施。

滴灌模式下氮素施用水平处理对土壤含水量、pH 值、电导率、速效氮、速效钾、铵态氮含量以及硝态氮含量均产生显著的影响，而灌溉水分梯度对土壤含水量、土壤 pH 值、土壤电导率和硝态氮含量产生显著影响，但二者交互作用仅对速效氮和硝态氮含量产生了显著影响。滴灌模式下氮素水平和灌溉水分梯度同时对 4 种土壤胞外酶活性（α－葡萄糖苷酶、β－葡萄糖苷酶、β－纤维素酶和磷酸酶）均产生了显著影响，且交互作用也显著（除了 β－纤维素酶活性）。另外，研究还发现相比施氮，灌溉是更为重要的土壤微生物群落结构影响因素，灌溉管理能够强烈地改变土壤微生物结构。

灌溉水质和灌溉频率显著改变了土壤的 CO_2 排放、N_2O 排放和 CH_4 吸收。相比地下淡水灌溉处理，再生水灌溉处理能够增加 CO_2 排放 14.78%，而微咸水灌溉则显著降低 CO_2 排放 35.16%；在相同灌溉水质条件下，高频率灌溉处理土壤 CO_2 排放量显著高于低频率灌溉处理的数值。在高频率处理条件下，灌溉水质显著影响土壤 CH_4 吸收速率，相比地下淡水灌溉，再生水灌溉有降低土壤 CH_4 吸收速率的趋势，但统计学上不显著，而微咸水处理则能够显著减弱 27.99% 的土壤 CH_4 吸收能力。在低频率灌溉条件下，灌溉水质对土壤 CH_4 排放速率没有显著影响（$P=0.148$），相比地下淡水灌溉，再生水灌溉能够显著增加 N_2O 排放 20.81%，而微咸水灌溉则显著降低 N_2O 排放，幅度达到 40.27%。综合来看，相对于低频率灌溉处理，高频率灌溉能够显著增加 29.14% 的 N_2O 排放量。

咸水灌溉对土壤胞外酶活性影响剧烈。随着灌溉水盐分的增加，α－葡萄糖苷酶活性、β－纤维素酶活性、磷酸酶活性以及β－木糖酶活性均呈显著下降的趋势，但N－乙酰基葡萄糖苷酶活性则呈增加的趋势，盐分梯度对β－葡萄糖苷酶活性的影响不显著。另外，咸水灌溉可以改变土壤微生物对碳源的利用能力，盐分浓度较低的咸水灌溉对土壤微生物活性有刺激作用，普遍能够增加土壤微生物对碳源的利用能力，但是当盐分含量大于6g/L时，抑制作用就变得十分明显。

6.2 创新点

研究了华北平原不同灌溉方式下冬小麦农田温室气体排放的差异，发现地表滴灌不仅能够有效地节约水资源，保证作物获得较高的产量，并且能够显著降低 N_2O 排放和增加 CH_4 吸收，为滴灌技术在冬小麦上的应用提供了新的理论数据支持。

研究了滴灌模式下水肥一体化对土壤胞外酶以及微生物群落的影响。研究结果发现，相对于施氮，土壤水分含量对该农田土壤微生物环境影响更为剧烈。

研究发现再生水灌溉显著增加了土壤 CO_2 和 N_2O 排放，而微咸水灌溉却显著降低了二者排放量。为未来在合理利用劣质水方面实现环境友好型输出提供了数据支撑。

较为全面地探索了灌溉相关因素对土壤温室气体排放、土壤微生物群落结构和功能活性的影响，涉及灌溉方式、灌溉制度、灌溉水质以及灌溉与氮素交互作用，为全面评价灌溉变革对农田生物环境及温室气体排放的影响，以及研发新型、环境友好型灌溉技术提供了理论与数据支撑。

6.3 不足之处

本研究田间试验部分只进行了一个冬小麦生育季，缺乏多年的连续及比较试验。试验年份小麦生长季降水量为138.4mm，比多年平均值略低，因此取得的结果还无法用于评价枯水年和丰水年不同灌溉方式对冬小麦农田温室气体排放的影响差异。需要加强研究工作的连续性与持续性，使得本研究的结果能够在不同水文年型下得到验证。

本研究虽然涉及多种灌溉要素的比较研究，但由于研究条件所限，没有能够将各灌溉要素有机地结合在一起进行试验，或是在完全相同的条件下同步地进行充分的比较研究。期待后续的工作能够解决这一问题，改变“多而不深，碎而不整”的研究现状，以更加深入地揭示灌溉要素对温室气体排放和土壤微生物特征的影响及其作用机理。

由于试验仪器和人力资源的限制，相关的研究工作只在冬小麦生长季进行，没能将华北地区冬小麦—夏玉米一年两作栽培模式作为一个整体来进行研究，这样就无法完整地描述农田温室气体的排放和土壤微生物特征的周年变化规律，需要在今后的研究中加强这方面的工作。

参考文献

董丽洁，陆兆华，贾琼，等，2010. 造纸废水灌溉对黄河三角洲盐碱地土壤酶活性的影响 . 生态学报，30（24）：6821–6827.

董旭，2012. 不同节水灌溉技术模式对保护地番茄产量和节水效果的影响 . 农业科技与装备（7）：9–11.

范丙全，胡春芳，平建立，1998. 灌溉施肥对壤质潮土硝态氮淋溶的影响 . 植物营养与肥料学报（1）：16–21.

高大伟，任树梅，杨培岭，等，2014. 再生水滴灌夏玉米配施不同氮肥对 CO_2 和 N_2O 排放的影响 . 农业机械学报，45（s1）：168–174.

郭树芳，齐玉春，尹飞虎，等，2016. 不同灌溉方式对华北平原冬小麦田土壤 CO_2 和 N_2O 排放通量的影响 . 环境科学，37（5）：1880–1890.

郭晓明，马腾，陈柳竹，等，2012. 污水灌溉区土壤肥力及酶活性特征研究 . 生态环境学报，21（1）：78–83.

郭永昌，2012. 连续多年地下微咸水灌溉对食葵土壤养分和微生物的影响 . 中国农村水利水电（9）：27–29.

贺纪正，张丽梅，2013. 土壤氮素转化的关键微生物过程及机制 . 微生物学通报，40（1）：98–108.

侯彦林，李红英，赵慧明，2009. 中国农田氮肥面源污染估算方法及其实证：Ⅳ各类型区污染程度和趋势 . 农业环境科学学报，28（7）：1341–1345.

李道西，2007. 控制灌溉稻田甲烷排放规律及其影响机理研究 . 南京：河海大学 .

李锐，刘瑜，褚贵新，2015. 不同种植方式对绿洲农田土壤酶活性与微生物多样性的影响 . 应用生态学报，26（2）：490–496.

刘浩，孙景生，张寄阳，等，2012. 喷灌条件下耕作方式和亏缺灌溉对麦后移栽棉产量和水分利用的影响 . 应用生态学报，23（2）：389–394.

卢鑫萍，杜茜，闫永利，等，2012. 盐渍化土壤根际微生物群落及土壤因子对 AM 真菌的影响 . 生态学报，32（13）：4071–4078.

马安娜，陆健健，2011. 芦苇在微咸水河口湿地甲烷排放中的作用 . 生态学报，31（18）：2245–2252.

闵伟，侯振安，冶军，等，2014. 长期咸水滴灌棉田土壤微生物活性及群落功能多样性 . 生态学杂志，33（11）：2950–2958.

聂园园，裴悦，张立华，等，2012. 黄河三角洲不同类型盐碱地 CO_2、CH_4 和 N_2O 通量特征 . 环境保护前沿（3）：45–51.

彭世彰，程胜，徐俊增，等，2014. 劣质水安全利用研究综述 . 水资源保护，30（4）：1–6.

齐玉春，郭树芳，董云社，等，2014. 灌溉对农田温室效应贡献及土壤碳储量影响研究进展 . 中国农业科学，47（9）：1764–1773.

任鸿遵，李林，2000. 华北平原水资源供需状况诊断 . 地理研究（3）：316–323.

时唯伟，支月娥，王景，等，2009. 土壤次生盐渍化与微生物数量及土壤理化性质研究 . 水土保持学报，23（6）：166–170.

史晓楠，王全九，苏莹，2005. 微咸水水质对土壤水盐运移特征的影响 . 干旱区地理，28（4）：516–520.

陶丽佳，王凤新，顾小小，2013. 覆膜滴灌对温室气体产生及排放的影响研究进展 . 中国农学通报，29（3）：17–23.

王冰冰，2014. 岷江上游干旱河谷灌丛群落土壤胞外酶活性分布特征研究 . 北京：中国科学院大学 .

王峰，杜太生，邱让建，等，2010. 亏缺灌溉对温室番茄产量与水分利用效率的影响 . 农业工程学报，26（6）：46–52.

王国栋，褚贵新，刘瑜，等，2009. 干旱绿洲长期微咸地下水灌溉对棉田土壤微生物量影响 . 农业工程学报，25（11）：44–48.

王建林，赵风华，欧阳竹，2010. 灌溉量对灌浆期麦田土壤呼吸的影响 . 华北农学报，25（3）：186–189.

王久生，王龙，姚宝林，等，2012. 微咸水膜下滴灌条件下水盐对棉花生长的影响研究 . 节水灌溉（12）：9–15.

王同朝，杜园园，常晓，等，2010. 垄作覆盖条件下灌溉方式与灌溉量对夏玉米田土壤呼吸的影响 . 河南农业大学学报，44（3）：238–242.

王伟，傅臣家，曾德超，2009. 水质对土壤持水特性的影响 . 山东农业大学学报，40（1）：88–92.

王卫光，王修贵，沈荣开，等，2003. 微咸水灌溉研究进展 . 节水灌溉（2）：9–11.

吴忠东，王全九，2008. 微咸水混灌对土壤理化性质及冬小麦产量的影响 . 农业工程学报，24（6）：69–73.

夏军，2002. 华北地区水循环与水资源安全 : 问题与挑战 . 地理科学进展，21（6）：517–526.

肖振华，1994. 灌溉水质对土壤水盐动态的影响 . 土壤学报，31（1）：8–17.

杨军，邵玉翠，高伟，等，2013. 微咸水灌溉对土壤盐分和作物产量的影响研究 . 水土保持通报，33（2）：17–20+25.

姚槐应，黄昌勇，2006. 土壤微生物生态学及其实验技术 . 北京：科学出版社 .

叶玉适，梁新强，周柯锦，等，2015. 节水灌溉与控释肥施用对太湖地区稻田土壤氮素渗漏流失的影响 . 环境科学学报，35（1）：270–279.

尹飞虎，刘洪亮，谢宗铭，等，2010. 棉花滴灌专用肥氮磷钾元素在土壤中的运移及其利用率 . 地理研究，29（2）：235–243.

张俊丽，高明博，温晓霞，等，2012. 不同施氮措施对旱作玉米地土壤酶活性及 CO_2 排放量的影响 . 生态学报，32（19）：6147–6154.

张俊鹏，冯棣，郑春莲，等，2014. 咸水灌溉对土壤水热盐变化及棉花产量和品质的影响 . 农业机械学报，45（9）：161–167.

张前兵，杨玲，王进，等，2012 . 干旱区不同灌溉方式及施肥措施对棉田土壤呼吸及各组分贡献的影响 . 中国农业科学，45（12）：2420–2430.

张前前，王飞，刘涛，等，2015. 微咸水滴灌对土壤酶活性、CO_2 通量及有机碳降解的影响 . 应用生态学报，26（9）：2743–2750.

张文，周广威，闵伟，等，2014. 长期咸水滴灌对棉花产量，土壤理化性质和 N_2O 排放的影响 . 农业环境科学学报，33（8）：1583–1590.

张文，周广威，闵伟，等，2015. 应用 ^{15}N 示踪法研究咸水滴灌棉田氮肥去向 . 土壤学报，52（2）：372–380.

张亚捷，牛海山，汪诗平，等，2016. 不同灌溉方法对宁夏葡萄园土壤二氧化碳和甲烷排放的影响 . 灌溉排水学报，35（1）：17–21.

张余良，陆文龙，张伟，等，2006. 长期微咸水灌溉对耕地土壤理化性状的影响 . 农业环境科学学报，25（4）：969–973.

张玉铭，胡春胜，张佳宝，等，2011. 农田土壤主要温室气体（CO_2、CH_4、N_2O）的源 / 汇强度及其温室效应研究进展 . 中国生态农业学报，19（4）：966–975.

赵秀芳，杨劲松，张清，等，2010. 石膏—微咸水复合灌溉量对土壤水盐分布

特征的影响 . 土壤，42（6）：978–982.
郑丽萍，龙涛，林玉锁，等，2013. Biolog–ECO 解析有机氯农药污染场地土壤微生物群落功能多样性特征 . 应用与环境生物学报，19（5）：759–765.
中华人民共和国国家统计局，2015. 2015 中国统计年鉴 . 北京：中国统计出版社 .
钟秀明，武雪萍，2007. 我国农田污染与农产品质量安全现状、问题及对策 . 中国农业资源与区划，28（5）：27–32.
周广威，张文，闵伟，等，2015. 灌溉水盐度对滴灌棉田土壤氨挥发的影响 . 植物营养与肥料学报，21（2）：413–420.
周媛，齐学斌，李平，等，2016. 再生水灌溉年限对设施土壤酶活性的影响 . 灌溉排水学报，35（1）：22–26.
周志峰，2011. 灌溉水质对土壤氨氧化和反硝化微生物的影响 . 北京：中国科学院研究生院 .
邹建文，黄耀，宗良纲，等，2003. 稻田 CO_2、CH_4 和 N_2O 排放及其影响因素 . 环境科学学报，23（6）：758–764.
邹其会，任树梅，杨培岭，等，2014. 再生水与微咸水灌溉对土壤温室气体排放的影响研究 . 灌溉排水学报，33（2）：80–82.
ADVIENTO–BORBE M，DORAN J，DRIJBER R，et al.，2006. Soil electrical conductivity and water content affect nitrous oxide and carbon dioxide emissions in intensively managed soils. Journal of Environmental Quality，35：1999–2010.
AKHTAR S S，LI G，ANDERSEN M N，et al.，2014. Biochar enhances yield and quality of tomato under reduced irrigation. Agricultural Water Management，138：37–44.
AMHA Y，BOHNE H，2011. Denitrification from the horticultural peats：effects of pH，nitrogen，carbon，and moisture contents. Biology and Fertility of Soils，47：293–302.
AMIRJANI M，2010. Effect of salinity stress on growth，mineral composition，proline content，antioxidant enzymes of soybean. American Journal of Plant Physiology，5：350–360.
BAI W，LI L，2003. Effect of irrigation methods and quota on root water uptake and biomass of alfalfa in the Wulanbuhe sandy region of China. Agricultural Water Management，62：139–148.

BREMNER J M，1997. Sources of nitrous oxide in soils. Nutrient Cycling in Agroecosystems，49：7–16.

BROCKETT B F T，PRESCOTT C E，GRAYSTON SJ，2012. Soil moisture is the major factor influencing microbial community structure and enzyme activities across seven biogeoclimatic zones in western Canada. Soil Biology & Biochemistry，44：9–20.

BRUINSMA J，2003. World agriculture：towards 2015/2030：an FAO perspective. Earthscan.

BRUMME R，BORKEN W，1999. Site variation in methane oxidation as affected by atmospheric deposition and type of temperate forest ecosystem. Global Biogeochemical Cycles，13：493–501.

BRZEZINSKA M，TIWARI S，STEPNIEWSKA Z，et al.，2006. Variation of enzyme activities，CO_2 evolution and redox potential in an Eutric Histosol irrigated with wastewater and tap water. Biology and Fertility of Soils，43：131–135.

BUTTAR G，THIND H，SEKHON K，et al.，2014. Effect of quality of irrigation water and nitrogen levels applied through trickle irrigation on yield and water use efficiency of tomato under semi–arid environment. Indian Journal of Horticulture，71：72–76.

CAI Z，XING G，YAN X，et al.，1997. Methane and nitrous oxide emissions from rice paddy fields as affected by nitrogen fertilisers and water management. Plant and Soil，196：7–14.

CALDERÓN–PRECIADO D，MATAMOROS V，SAVÉ R，et al.，2013. Uptake of microcontaminants by crops irrigated with reclaimed water and groundwater under real field greenhouse conditions. Environmental Science and Pollution Research，20：3629–3638.

CAPORASO J G，LAUBER C L，WALTERS W A，et al.，2011. Global patterns of 16S rRNA diversity at a depth of millions of sequences per sample. Proceedings of the National Academy of Sciences，108：4516–4522.

CASTRO M S，STEUDLER P A，MELILLO J M，et al.，1995. Factors controlling atmospheric methane consumption by temperate forest soils. Global Biogeochemical Cycles，9：1–10.

CHAO A，1984. Nonparametric estimation of the number of classes in a population. Scandinavian Journal of Statistics，3：265–270.

CHAUDHARY D R，RATHORE A P，JHA B，2016. Effects of seawater irrigation on soil microbial community structure and physiological function. International Journal of Environmental Science and Technology，13：2199–2208.

CHAVES M M，SANTOS T P，SOUZA C R，et al.，2007. Deficit irrigation in grapevine improves water–use efficiency while controlling vigour and production quality. Annals of Applied Biology，150：237–252.

CLASSEN A T，BOYLE S I，HASKINS K E，et al.，2003. Community–level physiological profiles of bacteria and fungi：plate type and incubation temperature influences on contrasting soils. FEMS Microbiology Ecology，44：319–328.

CORTES–LORENZO C，RODRIGUEZ–DIAZ M，LOPEZ–LOPEZ C，et al.，2012. Effect of salinity on enzymatic activities in a submerged fixed bed biofilm reactor for municipal reclaimed treatment. Bioresource Technology，121：312–319.

DAVIDSON E A，ISHIDA F Y，NEPSTAD D C，2004. Effects of an experimental drought on soil emissions of carbon dioxide，methane，nitrous oxide，and nitric oxide in a moist tropical forest. Global Change Biology，10：718–730.

DAVIDSON，E，BELK，E，BOONE，R D，1998. Soil water content and temperature as independent or confounded factors controlling soil respiration in a temperate mixed hardwood forest. Global Change Biology，4：217–227.

DING W，MENG L，YIN Y，et al.，2007. CO_2 emission in an intensively cultivated loam as affected by long–term application of organic manure and nitrogen fertilizer. Soil Biology and Biochemistry，39：669–679.

DOBBIE K，SMITH K，CHRISTENSEN S，et al. ，1996. Effect of land use on the rate of methane uptake by surface soils in northern Europe. Atmospheric Environment，30：1005–1011.

DORTA–SANTOS M，TEJEDOR M，JIMÉNEZ C，et al.，2016. Using marginal quality water for an energy crop in arid regions：Effect of salinity and boron distribution patterns. Agricultural Water Management，171：142–152.

DU T，KANG S，ZHANG J，et al.，2008. Water use efficiency and fruit quality of table grape under alternate partial root-zone drip irrigation. Agricultural Water Management，95：659-668.

DU T，KANG S，ZHANG J，et al.，2015. Deficit irrigation and sustainable water-resource strategies in agriculture for China's food security. Journal of Experimental Botany，66：2253-2269.

ENTRY J A，FUHRMANN J J，SOJKA R E，et al.，2004. Influence of irrigated agriculture on soil carbon and microbial community structure. Environmental Management，33（1）：S363-S373.

ENTRY J A，MILLS D，MATHEE K，et al.，2008. Influence of irrigated agriculture on soil microbial diversity. Applied Soil Ecology，40：146-154.

FERERES E，SORIANO M A，2007. Deficit irrigation for reducing agricultural water use. Journal of Experimental Botany，58：147-159.

FILIP Z，KANAZAWA S，BERTHELIN J，2000. Distribution of microorganisms，biomass ATP，and enzyme activities in organic and mineral particles of a long-term wastewater irrigated soil. Journal of Plant Nutrition and Soil Science，163：143-150.

FLANAGAN L B，JOHNSON B G，2005. Interacting effects of temperature，soil moisture and plant biomass production on ecosystem respiration in a northern temperate grassland. Agricultural and Forest Meteorology，130：237-253.

GALLOWAY J N，DENTENER F J，CAPONE D G，et al.，2004. Nitrogen cycles：past，present，and future. Biogeochemistry，70：153-226.

GANS J，WOLINSKY M，DUNBAR J，2005. Computational improvements reveal great bacterial diversity and high metal toxicity in soil. Science，309：1387-1390.

GAO Y，YANG L，SHEN X，et al.，2014. Winter wheat with subsurface drip irrigation（SDI）：Crop coefficients，water-use estimates，and effects of SDI on grain yield and water use efficiency. Agricultural Water Management，146：1-10.

GARCIA C，HERNANDEZ T，1996. Influence of salinity on the biological and biochemical activity of a calciorthird soil. Plant and Soil，178：255-263.

GARLAND J L，MILLS AL，1991. Classification and characterization of heterotrophic microbial communities on the basis of patterns of community-level sole-carbon-source utilization. Applied and Environmental Microbiology，57：2351-2359.

GEISSELER D，SCOW K M，2014. Long-term effects of mineral fertilizers on soil microorganisms A review. Soil Biology and Biochemistry，75：54-63.

GÖSSLING S，PEETERS P，HALL C M，et al.，2012. Tourism and water use：Supply，demand，and security. An international review. Tourism Management，33：1-15.

HAMILTON A J，STAGNITTI F，XIONG X，et al.，2007. Wastewater irrigation：The state of play. Vadose Zone Journal，6：823-840.

HOLST J，LIU C，YAO Z，et al.，2008. Fluxes of nitrous oxide，methane and carbon dioxide during freezing-thawing cycles in an Inner Mongolian steppe. Plant and Soil，308：105-117.

HORVÁTH L，GROSZ B，MACHON A，et al.，2010. Estimation of nitrous oxide emission from Hungarian semi-arid sandy and loess grasslands; effect of soil parameters，grazing，irrigation and use of fertilizer. Agriculture，Ecosystems & Environment，139：255-263.

HUANG C H，ZONG L，BUONANNO M，et al.，2012. Impact of saline water irrigation on yield and quality of melon（*Cucumis melo* cv. *Huanghemi*）in northwest China. European Journal of Agronomy，43：68-76.

HUANG S，PANT H K，LU J，2007. Effects of water regimes on nitrous oxide emission from soils. Ecological Engineering，31：9-15.

IBRAGIMOV N，EVETT S R，ESANBEKOV Y，et al.，2007. Water use efficiency of irrigated cotton in Uzbekistan under drip and furrow irrigation. Agricultural Water Management，90：112-120.

INESON P，COWARD P，HARTWIG U，1998. Soil gas fluxes of N_2O，CH_4 and CO_2 beneath Lolium perenne under elevated CO_2：The Swiss free air carbon dioxide enrichment experiment. Plant and Soil，198：89-95.

IPCC，2007. Climate change 2007：The physical science basis. Contribution of Working Group I to the fourth assessment report of the Intergovernmental Panel on Climate Change. SD Solomon（Ed.）.

IPCC，2013. Climate Change 2013：The Physical Science Basis. Contribution of Working Group I to the Fifth Assessment. Report of the Intergovernmental Panel on Climate Change. Cambridge University Press, Cambridge.

JIA X, SHAO M A, WEI X, et al., 2014. Response of soil CO_2 efflux to water addition in temperate semiarid grassland in northern China: the importance of water availability and species composition. Biology and Fertility of Soils, 50: 839–850.

JIANG C, YU G, FANG H, et al., 2010. Short-term effect of increasing nitrogen deposition on CO_2, CH_4 and N_2O fluxes in an alpine meadow on the Qinghai-Tibetan Plateau, China. Atmospheric Environment, 44: 2920–2926.

JIN Z, LEI J, LI S, et al., 2014. Characteristics of sandy soil microbial metabolisms in the forests drip irrigation with saline water. Journal of Desert Research, 34: 363–370.

KAHLOWN MA, RAOOF A, ZUBAIR M, et al., 2007. Water use efficiency and economic feasibility of growing rice and wheat with sprinkler irrigation in the Indus Basin of Pakistan. Agricultural Water Management, 87: 292–298.

KALLENBACH C M, ROLSTON D E, HORWATH W R, 2010. Cover cropping affects soil N_2O and CO_2 emissions differently depending on type of irrigation. Agriculture, Ecosystems & Environment, 137: 251–260.

KANG Y, CHEN M, WAN S, 2010. Effects of drip irrigation with saline water on waxy maize (*Zea mays* L. var. *ceratina* Kulesh) in North China Plain. Agricultural Water Management, 97: 1303–1309.

KENNEDY T L, SUDDICK E C, SIX J, 2013. Reduced nitrous oxide emissions and increased yields in California tomato cropping systems under drip irrigation and fertigation. Agriculture, Ecosystems & Environment, 170: 16–27.

KONG Q, 2015. Impact of ammonium and salinity concentrations on nitrous oxide emission in partial nitrification system. KSCE Journal of Civil Engineering, 19: 873–879.

LAL R, 2004. Soil carbon sequestration impacts on global climate change and food security. Science, 304: 1623–1627.

LAM S K, LIN E, NORTON R, et al., 2011. The effect of increased atmospheric carbon dioxide concentration on emissions of nitrous oxide, carbon dioxide and methane from a wheat field in a semi-arid environment in northern China. Soil Biology and Biochemistry, 43: 458–461.

LI K，GONG Y，SONG W，et al.，2012. Responses of CH_4，CO_2 and N_2O fluxes to increasing nitrogen deposition in alpine grassland of the Tianshan Mountains. Chemosphere，88：140–143.

LI Y，2006. Water saving irrigation in China. Irrigation and Drainage，55：327–336.

LIU C，WANG K，ZHENG X，2012. Responses of N_2O and CH_4 fluxes to fertilizer nitrogen addition rates in an irrigated wheat–maize cropping system in northern China. Biogeosciences，9：839–850.

LIU L，GREAVER T L，2009. A review of nitrogen enrichment effects on three biogenic GHGs：the CO_2 sink may be largely offset by stimulated N_2O and CH_4 emission. Ecology Letters，12：1103–1117.

LIU M X，YANG J S，LI X M，et al.，2012. Effects of irrigation water quality and drip tape arrangement on soil salinity，soil moisture distribution，and cotton yield（*Gossypium hirsutum* L.）under mulched drip irrigation in Xinjiang，China. Journal of Integrative Agriculture，11：502–511.

LIU X，WAN S，SU B，et al.，2002. Response of soil CO_2 efflux to water manipulation in a tallgrass prairie ecosystem. Plant and Soil，240：213–223.

LIVESLEY S J，DOUGHERTY B J，SMITH A J，et al.，2010. Soil–atmosphere exchange of carbon dioxide，methane and nitrous oxide in urban garden systems：impact of irrigation，fertiliser and mulch. Urban Ecosystems，13：273–293.

LUPWAYI N Z，LAFOND G P，ZIADI N，et al.，2012. Soil microbial response to nitrogen fertilizer and tillage in barley and corn. Soil and Tillage Research，118：139–146.

LV G，KANG Y，LI L，et al.，2010. Effect of irrigation methods on root development and profile soil water uptake in winter wheat. Irrigation Science，28（5）：387–398.

MA N，REN S，YANG P，et al.，2014. Effect of different nitrogen fertilizers with reclaimed water irrigation on soil greenhouse gas emissions. Computer and Computing Technologies in Agriculture Ⅷ. New York：Springer：185–192.

MAESTRE F T，DELGADO–BAQUERIZO M，JEFFRIES T C，et al.，2015. Increasing aridity reduces soil microbial diversity and abundance in global drylands. Proceedings of the National Academy of Sciences，112（51）：15684–15689.

MAHARJAN B，VENTEREA R T，ROSEN C，2014. Fertilizer and irrigation management effects on nitrous oxide emissions and nitrate leaching. Agronomy Journal，106：703–714.

MIN W，GUO HJ，ZHANG W，et al.，2016. Irrigation water salinity and N fertilization:Effects on ammonia oxidizer abundance，enzyme activity and cotton growth in a drip irrigated cotton ifeld. Journal of Integrative Agriculture，15：1121–1131.

MINAMIKAWA K，SAKAI N，2005. The effect of water management based on soil redox potential on methane emission from two kinds of paddy soils in Japan. Agriculture Ecosystems & Environment，107：397–407.

MOORE T，1999. Controls on CH_4 emissions from a northern peatland. Global Biogeochemical Cycles，13（1）：81–91.

MOSIER A，SCHIMEL D，VALENTINE D，et al.，1991. Methane and nitrous oxide fluxes in native，fertilized and cultivated grasslands. Nature，350：330–332.

MUSCOLO A，MALLAMACI C，PANUCCIO M R，et al.，2011. Effect of long–term irrigation water salinity on soil properties and microbial biomass. Ecological Questions，14：77–79.

NANNIPIERI P，ASCHER J，CECCHERINI M，et al.，2003. Microbial diversity and soil functions. European Journal of Soil Science，54：655–670.

NANNIPIERI P，GIAGNONI L，RENELLA G，et al.，2012. Soil enzymology：classical and molecular approaches. Biology and Fertility of Soils，48：743–762.

NDOUR N Y B，BAUDOIN E，GUISSÉ A，et al.，2008. Impact of irrigation water quality on soil nitrifying and total bacterial communities. Biology and Fertility of Soils，44：797–803.

NELSON S D，TERRY R E，1996. The effects of soil physical properties and irrigation method on denitrification. Soil Science，161：242–249.

NORTON U，MOSIER A，MORGAN J，et al.，2008. Moisture pulses，trace gas emissions and soil C and N in cheatgrass and native grass–dominated sagebrush–steppe in Wyoming, USA. Soil Biology and Biochemistry, 40: 1421–1431.

OUMA G, 2007. Effect of different container sizes and irrigation frequency on the morphological and physiological characteristics of mango（*Mangifera indica*）rootstock seedlings. International Journal of Botany, 3: P260.

OVED T, SHAVIV A, GOLDRATH T, et al., 2001. Influence of effluent irrigation on community composition and function of ammonia–oxidizing bacteria in soil. Applied and Environmental Microbiology, 67: 3426–3433.

PENG S, HOU H, XU J, et al., 2012. CH_4 and N_2O emissions response to controlled irrigation of paddy fields. Transactions of the Chinese Society of Agricultural Engineering, 28: 121–126.

PEREIRA L S, OWEIS T, ZAIRI A, 2002. Irrigation management under water scarcity. Agricultural Water Management, 57: 175–206.

PÉREZ T, GARCIA–MONTIEL D, TRUMBORE S, et al., 2006. Nitrous oxide nitrification and denitrification ^{15}N enrichment factors from Amazon forest soils. Ecological Applications, 16: 2153–2167.

PHILIPPOT L, SPOR A, HÉNAULT C, et al., 2013. Loss in microbial diversity affects nitrogen cycling in soil. The ISME Journal, 7: 1609–1619.

PIAO S, CIAIS P, HUANG Y, et al., 2010. The impacts of climate change on water resources and agriculture in China. Nature, 467: 43–51.

PRESTON–MAFHAM J, BODDY L, RANDERSON P F, 2002. Analysis of microbial community functional diversity using sole–carbon–source utilisation profiles–a critique. FEMS Microbiology Ecology, 42: 1–14.

REDDY N, CROHN DM, 2014. Effects of soil salinity and carbon availability from organic amendments on nitrous oxide emissions. Geoderma, 235: 363–371.

RIETZ D, HAYNES R, 2003. Effects of irrigation–induced salinity and sodicity on soil microbial activity. Soil Biology and Biochemistry, 35: 845–854.

ROBERTS B A, FRITSCHI F B, HORWATH W R, et al., 2011. Comparisons of soil microbial communities influenced by soil texture, nitrogen fertility, and rotations. Soil Science, 176: 487–494.

ROSSO D, STENSTROM M K, 2008. The carbon–sequestration potential of municipal wastewater treatment. Chemosphere，70：1468–1475.

RUSER R，FLESSA H，RUSSOW R，et al.，2006. Emission of N_2O，N_2 and CO_2 from soil fertilized with nitrate：effect of compaction，soil moisture and rewetting. Soil Biology and Biochemistry，38：263–274.

SANCHEZ–MARTÍN L，MEIJIDE A，GARCIA–TORRES L，et al.，2010. Combination of drip irrigation and organic fertilizer for mitigating emissions of nitrogen oxides in semiarid climate. Agriculture，Ecosystems & Environment，137：99–107.

SARDINHA M，MÜLLER T，SCHMEISKY H，et al.，2003. Microbial performance in soils along a salinity gradient under acidic conditions. Applied Soil Ecology，23：237–244.

SCHEER C，GRACE P R，ROWLINGS D W，et al.，2012. Nitrous oxide emissions from irrigated wheat in Australia：impact of irrigation management. Plant and Soil，359：351–362.

SCHEER C，WASSMANN R，KIENZLER K，et al.，2008. Nitrous oxide emissions from fertilized，irrigated cotton（*Gossypium hirsutum* L.）in the Aral Sea Basin，Uzbekistan：Influence of nitrogen applications and irrigation practices. Soil Biology and Biochemistry，40：290–301.

SHI W，TAO F，LIU J，2013. Changes in quantity and quality of cropland and the implications for grain production in the Huang–Huai–Hai Plain of China. Food Security，5：69–82.

SIMOJOKI A，JAAKKOLA A，2000. Effect of nitrogen fertilization，cropping and irrigation on soil air composition and nitrous oxide emission in a loamy clay. European Journal of Soil Science，51：413–424.

SIMPSON E H，1949. Measurement of diversity. Nature，163：688–688.

SIX J，OGLE S M，CONANT R T，et al.，2004. The potential to mitigate global warming with no - tillage management is only realized when practised in the long term. Global Change Biology，10：155–160.

SMITH P，MARTINO D，CAI Z，et al.，2008. Greenhouse gas mitigation in agriculture. Philosophical transactions–Royal Society. Biological Sciences，363：789–813.

STEFFEN W，NOBLE I，CANADELL J，et al.，1998. The terrestrial carbon cycle：implications for the Kyoto Protocol. Science，280：1393–1394.

SUN H，ZHOU S，SONG X，et al.，2016. CH_4 emission in response to water–saving and drought–resistance rice（WDR）and common rice varieties under different irrigation managements. Water，Air & Soil Pollution，227：1–12.

SUN R，ZHANG X X，GUO X，et al.，2015. Bacterial diversity in soils subjected to long–term chemical fertilization can be more stably maintained with the addition of livestock manure than wheat straw. Soil Biology and Biochemistry，88：9–18.

TIAN S，NING T，ZHAO H，et al.，2012. Response of CH_4 and N_2O emissions and wheat yields to tillage method changes in the North China plain. PloS One，7：e51206.

TRIPATHI S，KUMARI S，CHAKRABORTY A，et al.，2006. Microbial biomass and its activities in salt–affected coastal soils. Biology and Fertility of Soils，42：273–277.

TROST B，PROCHNOW A，DRASTIG K，et al.，2013. Irrigation，soil organic carbon and N_2O emissions. A review. Agronomy for Sustainable Development，33：733–749.

TYAGI L，KUMARI B，SINGH S N，2010. Water management – A tool for methane mitigation from irrigated paddy fields. Science of the Total Environment，408：1085–1090.

VAN DEN POL–VAN DASSELAAR A，VAN BEUSICHEM M，OENEMA O，1998. Effects of soil moisture content and temperature on methane uptake by grasslands on sandy soils. Plant and Soil，204：213–222.

VITOUSEK P M，MOONEY H A，LUBCHENCO J，et al.，1997. Human domination of Earth's ecosystems. Science，277：494–499.

WANG J，GONG S，XU D，et al.，2013. Impact of drip and level–basin irrigation on growth and yield of winter wheat in the North China Plain. Irrigation Science，31：1025–1037.

WANG L S，HU H Y，WANG C，2007. Effect of ammonia nitrogen and dissolved organic matter fractions on the genotoxicity of wastewater effluent during chlorine disinfection. Environmental Science & Technology，41：160–165.

WANG Q，HUO Z，ZHANG L，et al.，2016. Impact of saline water irrigation on water use efficiency and soil salt accumulation for spring maize in arid regions of China. Agricultural Water Management，163：125–138.

WANG X L，YU J，LI X G，et al.，2009. Effects of land use on soil total and light fraction organic，and microbial biomass C and N in a semi–arid ecosystem of northwest China. Geoderma，153：285–290.

WEI M，GUO H J，ZHANG W，et al.，2016. Irrigation water salinity and N fertilization：Effects on ammonia oxidizer abundance，enzyme activity and cotton growth in a drip irrigated cotton field. Journal of Integrative Agriculture，15：1121–1131.

WHITMAN W B，COLEMAN D C，WIEBE W J，1998. Prokaryotes：the unseen majority. Proceedings of the National Academy of Sciences，95：6578–6583.

WOLF I，RUSSOW R，2000. Different pathways of formation of N_2O，N_2 and NO in black earth soil. Soil Biology and Biochemistry，32：229–239.

WONG V N，DALAL R C，GREENE R S，2008. Salinity and sodicity effects on respiration and microbial biomass of soil. Biology and Fertility of Soils，44：943–953.

WU J，GUO W，FENG J，et al.，2014. Greenhouse gas emissions from cotton field under different irrigation methods and fertilization regimes in arid northwestern China. The Scientific World Journal，1–10.

WULF S，LEHMANN J，ZECH W，1999. Emissions of nitrous oxide from runoff–irrigated and rainfed soils in semiarid north–west Kenya. Agriculture，Ecosystems & Environment，72：201–205.

XU M，QI Y，2001. Spatial and seasonal variations of Q_{10} determined by soil respiration measurements at a Sierra Nevadan Forest. Global Biogeochemical Cycles，15：687–696.

YAN N，MARSCHNER P，2013. Microbial activity and biomass recover rapidly after leaching of saline soils. Biology and Fertility of Soils，49：367–371.

YANG M，YANFUL E K，2002. Water balance during evaporation and drainage in cover soils under different water table conditions. Advances in Environmental Research，6：505–521.

YANG S, PENG S, XU J, et al., 2012. Methane and nitrous oxide emissions from paddy field as affected by water-saving irrigation. Physics and Chemistry of the Earth, 53: 30–37.

YUSUF A A, ABAIDOO R C, IWUAFOR E N O, et al., 2009. Rotation effects of grain legumes and fallow on maize yield, microbial biomass and chemical properties of an Alfisol in the Nigerian savanna. Agriculture Ecosystems & Environment, 129: 325–331.

ZAHRAN H, 1997. Diversity, adaptation and activity of the bacterial flora in saline environments. Biology and Fertility of Soils, 25: 211–223.

ZHANG L H, SONG L P, ZHANG L W, et al., 2014. Diurnal dynamics of CH_4, CO_2 and N_2O fluxes in the saline–alkaline soils of the Yellow River Delta, China. Plant Biosystems, 149: 1–9.

ZHANG N, WAN S, GUO J, et al., 2015. Precipitation modifies the effects of warming and nitrogen addition on soil microbial communities in northern Chinese grasslands. Soil Biology and Biochemistry, 89: 12–23.

ZHANG W, ZHOU G, LI Q, et al., 2015. Saline water irrigation stimulate N_2O emission from a drip–irrigated cotton field. Acta Agriculturae Scandinavica, Section B–Soil & Plant Science, 66: 141–152.

ZHANG X, WEI H, CHEN Q, et al., 2014. The counteractive effects of nitrogen addition and watering on soil bacterial communities in a steppe ecosystem. Soil Biology and Biochemistry, 72: 26–34.

ZHAO Q, ZHANG J, YOU S, et al., 2006. Effect of irrigation with reclaimed water on crops and health risk assessment. Water Science and Technology: Water Supply, 6: 99–109.

ZHOU G, ZHANG W, MA L, et al., 2016. Effects of Saline Water Irrigation and N Application Rate on NH_3 Volatilization and N use Efficiency in a Drip–Irrigated Cotton Field. Water Air & Soil Pollution, 227: 1–17.